영혼의 자유
호주 한 바퀴

영혼의 자유
호주 한 바퀴

초판 1쇄 인쇄일 2014년 2월 17일
초판 1쇄 발행일 2014년 2월 20일

글·사진 윤광식
펴낸이 양옥매
디자인 최수민
교 정 조준경

펴낸곳 도서출판 책과나무
출판등록 제2012-000376
주소 서울특별시 마포구 월드컵북로 44길 37 천지빌딩 3층
대표전화 02.372.1537  팩스 02.372.1538
이메일 booknamu2007@naver.com
홈페이지 www.booknamu.com
ISBN 979-11-85609-05-8(13980)

이 도서의 국립중앙도서관 출판시도서목록(CIP)은 서지정보유통지원 시스템
홈페이지(http://seoji.nl.go.kr)와 국가자료공동목록시스템
(http://www.nl.go.kr/kolisnet)에서 이용하실 수 있습니다.
(CIP제어번호 : CIP2014004652)

# 영혼의 자유
# 호주 한 바퀴

글·사진 **윤광식**

책과나무

.

처음 '호주 워킹홀리데이'라는 제도를 알았을 때는 21살이었다. 군대를 전역한 후 마땅히 할 일을 찾지 못했기에 바로 '이거다!' 싶었지만 막상 떠날 수 없었다. 가장 큰 이유는 집안의 반대.

그 후 대학생활과 사회로의 첫 발걸음을 내딛었지만 20대 후반이 된 지금, 아직도 내 가슴속 한켠엔 호주가 자리 잡고 있었다. 회사를 다니면서도 항상 뭔가 허전하고 어디론가 떠나고 싶은 강박관념까지 들었다. 나이 30살이 되기 전에 20대의 삶을 되돌아봤을 때 후회하고 싶진 않았다. 모두가 말렸지만 결국 회사에 사표를 내고 떠나기로 결심했다. 지금이 아니면 떠날 수 없을 것만 같았다. 그렇게 호주 워킹홀리데이는 시작되었다.

매년 약 50,000명이 워킹 홀리데이 비자로 여행을 떠난다고 한다. 이 중 70%인 35,000명 이상이 호주를 선택한다. 나도 그 일원으로서 16개월간의 치열한 생존 여행을 마치고 2013년 9월, 472일간의 여행을 끝으로 귀국했다.

여행을 떠나기 전 외국계 반도체 회사 엔지니어로 일했으며, 삶에 무료함을 느껴 신선한 자극을 받고자 호주로의 여행을 택했다. 특별한 정보 없이 무작정 호주로 떠나 스스로의 힘으로 일자리를 구하고, 거기서 얻은 수입으로만 16개월을 여행했다.

그 여행의 가장 큰 특징이라면, 차를 구입한 후 호주 둘레 두 바퀴에 달하는 40,000㎞를 여행했다는 점이다. 호주는 끝없이 펼쳐진 아웃백을 보여주고 있었다. 종단, 횡단 그리고 호주의 제주도라 말할수 있는 태즈매니아까지 차를 배에 싣고 한 바퀴를 여행한 것이다. 실제로 워홀 비자로 입국 후 호주에서 차를 구입하는 비율은 생각보다 그다지 높지 않으며, 내가 호주에서 만났던 사람 중 자차로 호주의 대부분의 지역을 둘러보는 사람은 전체의 5%도 되지 않았다.

472일간의 여행 끝에 얻은 소중한 경험을 이 책에 담았다. 혹시라도 적지 않은 나이와 주변 사람들의 만류로 호주 워킹홀리데이를 망설이고 계신 분이 있다면, 혹은 아무것도 가진 것은 없지만 패기와 열정이 넘치는 젊은 분이라면, 이 책을 읽고 지금 당장 자신의 꿈을 계획에 옮기기를 바란다.

# 01

# 호주, 8년의 기다림

내가 호주에 오면서 결심한 한 가지는 설거지와 청소 그리고 한인잡은
하지 않는 것이었다. 호주까지 와서 그런 일을 하고 싶지는 않았다.
물론 일자리를 찾자면 얼마든지 하겠지만, 자존심이 허락하지 않았다.
그래도 한국에 있을 때 외국계 대기업 사원으로 일했던 나인데
결코 그런 일은 하지 않기로 마음먹었던 것이다.

한국에서 상하이를 거쳐 시드니까지 함께한 중국의 동방항공

2012년 5월 28일

석가탄신일! 드디어 출발이다. 보름간의 짧은 준비를 마치고 출국하는 날이다. 언제 귀국할지 알 수 없기에 편도 티켓만을 끊고 길을 나섰다.

상하이에서의 공항대기 시간 3시간을 포함해서 15시간 걸린 것 같다. 이렇게 긴 비행은 처음이었지만 긴장되지는 않았다. 그동안 아시아를 벗어난 적은 없었지만 비행기 안에서의 시간은 더디게만 흘러갔다.

두 끼의 기내식. 가끔 느껴보는 여행의 길이지만, 항상 비행기 안에서는 시간은 지루하기만 하다. 처음 비행을 했던 5년 전의 설렘은 찾아볼 수 없었다. 인천 공항에서의 비행기 연착, 그리고 상하이에서의 또 두 시간가량의 연착. 이렇게 호주 워킹홀리데이는 시작되었다.

호주에서 횡단보도를 건널 때 반드시 화살표 버튼을 눌러야 한다. 우리나라와는 달리 하염없이 기다려도 신호가 바뀌지 않는다.

시드니 세인트 메리 대성당(St. Mary's Cathedral)
오스트레일리아 시드니에 있는 가톨릭 성당이다. 1821년 처음 건설되었으
나 1868년 화재로 건물이 무너져 1868년에 고딕 양식으로 재건축되었다.

호주 8년의 기다림

　　오전 10시, 시드니 도착! 특별한 준비 없이 도착했지만 도착하자마자 막막했다. 몇 번의 여행 경험을 통해 공항 수속을 마치고 미리 예약해둔 Backpackers로 가는 버스를 탔다. 버스라고 해야 할지, 아니면 택시라고 해야 할지 잘 모르겠지만, 몇몇의 여행자를 버스에 태우고 운전기사가 여행자들의 숙소 앞까지 바래다주는 시스템이었다. 정해진 노선은 없고 사람들이 모이면 출발하는 버스라고 해야 할까?

　　길을 헤매지 않고 편하게 한국에서 미리 예약해둔 Backpackers까지 무사히 착지! 교통비가 예상했던 것처럼 만만치 않았다. A$15 현재 한국 환율로 환산했을 경우 18,000원에 해당하는 금액이다. 29년을 살면서 택시요금으로도 이런 금액을 지불한 적이 없었는데 버스 요금으로 18,000원을 내다니……. 호주에 올 때 부족하게 돈을 가지고 오지는 않았지만, 아껴 쓰지 않는다면 적자가 될 것이 불 보듯 뻔했다.

　　다행히도 시드니에서의 첫 숙소는 무척이나 저렴하게 예약했다. A$10 그럴 수밖에 없는 것이 10인용 방에 공용 화장실 1개. 무척이나 좁은 방이어서 짐을 놓을 공간조차 없었다. 각국에서 온 Backpacker들이 보통 한두 개 정도의 배낭을 들고 여행하는데, 여러 명이 생활하다 보니 발 디딜 공간조차 부족한 그런 방이었다.

　　그래도 시드니 중심가에서 이 정도 가격에 간단한 아침 식사를 제공하고 Wife까지 무제한으로 제공하니 만족할 만한 수준이었다. 나중에 다른 한국 워커들에게 물어보니 깜짝 놀라기까지 한다. 시드니 중심에 그렇게 싼 방이 있냐고 말이다. 대부분의 워커들이 방 가격을 아끼기 위해 House Share를 하는데 주당 120$정도 한단다. 그런데 나는 주당 70$에 머물었으니 무척 저렴한 편이긴 했다.

첫날! 휴대폰을 개통하기로 했다. 한국에서 가져온 휴대폰을 로밍해서 사용해도 크게 문제될 것은 없지만 요금 폭탄을 맞기에 딱 좋다. 전에 인터넷을 통해 검색해둔 Optus폰으로 개통하기로 했다. 특별한 이유는 없고 대부분의 한인들이 Optus로 개통한다고 하기에 나도 대세에 따르기 위해 Optus로 개통!

호주에서의 휴대폰 개통은 그다지 어렵지 않았다. USIM 구입 후 한국에서 사용하던 USIM과 교환하였고, 몇 가지 조작만으로도 금방 이곳에서의 번호가 생겼다. 요금도 그다지 부담스럽지 않은 4주에 30$. 너무 서두르지 않기로 했다. 하루에 1~2가지씩만 하기로 말이다.

## Made in Germany 중고 자전거

6월 1일

호주 3일차! 인터넷으로 TFN(Tax File Number)도 신청하고 중고 자전거도 구입했다. 원래 한국에서 자전거를 가지고 오려고 했으나 운송 초과 비용이 20만 원 가까이 나와서 포기했다. 하지만 나중에 자전거를 가지고 오지 않은 것에 대해 무척이나 후회했다. 내가 한국에서 타던 자전거는 꽤나 고급 자전거였는데 이곳에서 350\$에 독일 싸이클을 구입했다. 연식이 느껴지는 자전거였지만 그럭저럭 만족했다. 하지만 며칠 타자마자 부품이 하나씩 고장 나 결국은 수리 비용으로 100\$는 더 든 것 같다. 그래도 두 달 정도 자전거를 이용하면 교통비 정도는 뽑을 수 있을 것 같았다. 나중에 한국으로 귀국할 때도 거의 제값을 받을 수 있기에 후회가 되지는 않았다. 골목 구석구석까지 돌아다닐 수 있어서 편리할 뿐만 아니라, 이곳까지와서 자전거를 이용하는 내가 멋져 보이기까지 했다.

시드니에 도착한 지 열흘이 되자 웬만큼 적응되고 바로 일만 시
작한다면 걱정이 없을 것 같았다. 하지만 생각보다 일자리 구하기가
쉽지 않았다. 가장 큰 이유는 영어였는데, 구인공고가 영어로 올라
오고 다 해석을 했다 하더라도, 현지인과 영어로 전화 통화에 면접
까지 해야 하니 무척이나 어려울 것 같았다. 이것 때문에 며칠을 고
생했다.

Backpacker에 있는 다른 친구들이 내게 워킹홀리데이 비자로 왔으
면서 일을 하러 나가지 않느냐고 했고, 심지어 내게 게으르다는 말
까지 했다. 대부분의 Backpacker에 있는 친구들은 유럽인들이기에
영어를 무척이나 잘했다. 남의 속도 모르고……. 야속하기만 했다.
한편 내가 '이 정도밖에 안 돼?' 하는 자괴감에 빠지기도 했다.

내가 호주에 오면서 결심한 한 가지는 설거지와 청소 그리고 한인
잡은 하지 않는 것이었다. 호주까지 와서 그런 일을 하고 싶지는 않
았다. 물론 그런 일자리를 찾는다면 얼마든지 하겠지만, 자존심이
허락하지 않았다. 그래도 한국에 있을 때 외국계 대기업 사원으로
일했던 나인데 결코 그런 일은 하지 않기로 다짐했던 것이다.

결국 농장을 가기로 결심했다. 농장은 그나마 영어를 사용하
는 빈도가 낮고 한국에서 한 번도 경험해 보지 못한 일이기에, 또
Second Visa도 취득할 수 있기에 주저하지 않았다.

## Rozelle Market

머물고 있는 숙소 근처에 주말시장이 오픈한다는 광고를 봤다. 초등학교를 빌려 토요일과 일요일에만 서는 장인데, 바로 Second Market이다. 이것저것 잡동사니들이 가득 모이는데 특히 여성의류와 골동품 같은 것들이 주를 이루었다. 한국에서는 보기 힘든 광경이어서 유심히 봤는데, 가격이 상당히 저렴하고 쓸 만한 물건이 많아 보였다.

나는 한국에서 수저를 가져오지 않았는데, 이곳 사람들은 젓가락을 사용하지 않는지 Backpacker에는 포크와 숟가락밖에 없었다. 매번 포크를 젓가락 대용으로 사용하자니 여간 불편한 게 아니었는데, 이곳에서 운 좋게 1$에 젓가락을 구입할 수 있었다. 슈퍼마켓에서도 일회용 나무젓가락을 제외하곤 스테인리스 젓가락은 없었다. 문화적인 차이인가? 만일 이 글을 보고 호주 여행을 계획하고 있는 사람이라면 수저 정도는 가져가는 것이 좋을 것 같다.

주말장 치고는 규모도 크고 사람들에게 인기도 많았던 것 같았다. 먹을거리도 풍부하고 이곳 사람들의 정서를 조금이나마 엿볼 수 있는 기회가 된 것 같았다. 호주에는 중고 시장이 발달해 있으므로 기회가 된다면 찾아가 보는 것도 괜찮을 것 같다!

호주 워킹홀리데이

# 농장으로 출발!

6월 10일

한인 커뮤니티를 통해서 농장 일자리를 구했다. 가급적이면 한인 밑에서 일하고 싶지는 않았지만, 초반에 정보가 너무 부족한 탓에 어쩔 수 없었다.

오전 7시 40분 기차였는데 한국에서 가져온 짐과 이곳에서 구입한 자전거, 그리고 여기서 구입한 몇 물건들. 짐이 많고 거리가 6㎞ 정도밖에 떨어져 있지 않아서 택시를 타려고 했으나, 택시비가 호주인들에게도 부담이 될 정도로 비싼 가격이란 말을 듣고 30분 거리에 있는 전철역을 이용하기로 했다. 자전거를 포장하기 위해서는 6시 40분까지 기차역에 도착해야만 했다. 결국 4시 30분에 일어나 씻고 나가려고 하는데 밖에는 비가 오고 있었다. 우산을 써야 할 정도였지만 개의치 않고 걸어갔다. 등에는 배낭을 한 손에는 캐리어, 나머지 한 손에는 자전거. 짧은 거리였지만 땀이 나기 시작했다.

기차역에 도착해 짐의 무게를 재는데 생각보다 무게가 많이 나갔다. 자전거를 포함해 40㎏. 결국 캐리어와 자전거만 붙이는 짐으로 붙이고 나머지는 기차 안에 들고 탑승! 막상 기차에 타니 나와 같이 배낭을 들고 탄 사람들이 많았다. 오랜 여행이 배낭을 점점 더 무겁게 만들었으리라 본다. 심지어 가방에 마치 피난 가는 사람처럼 냄비, 프라이팬을 매고 다니는 사람도 있었다.

Hillston이란 작은 시골 마을이었는데 기차를 타고 버스로 갈아타고, 또 다시 농장 전용 버스로 갈아타야 하는 곳이었다. 12시간 이상 기차, 버스를 타니 비행기를 탈 때처럼 무척이나 지루했지만, 시드니를 벗어나자 대자연을 느낄 수 있었다.

끝없이 펼쳐진 초원, 산림 공원. 영화에서나 본 듯한 그런 광경이 눈앞에 펼쳐지는데 눈을 떼기 힘들 정도로 아름다웠다. 가끔씩 나타나는 양떼 목장은 포근한 감정마저 느끼게 해주었다.

Griffith지역에서 Hillston으로 가는 길은 대중교통이 없다. 결국 자차를 가지고 있지 않은 사람은 타인의 도움을 받을 수밖에 없는 그런 오지마을이었다. 가끔씩 작은 도로에는 비포장도로도 눈에 띄었다. 그런 길을 100㎞이상 달려왔다. 만일 농장에서 시내로 나가려면 별 다른 방법이 없었다. Oil Share를 해서라도 타인의 차에 동승하는 수밖에. 내가 가는 농장은 그런 곳이었다.

시드니 시내를 관광할 때 들르는 필수 코스! 재래시장 Paddy's market.
모노레일, 라이트 레일을 이용해 패디스 마켓 역에 하차. Darling Harbour와 연결돼 있어 항상 붐비지만 매일 장이 열리는 것이 아니므로 꼭 확인 후 방문해야 한다.

잠시나마 만다린 농장에 머물렀던 Hillston 지역 벽화
이 지역은 시드니에서 약 700㎞ 떨어진 작은 시골 마을인데 대중교통이
전무한 지역이다. 개인 차량이 없으면 진입이 거의 불가능하지만 시즌이
되면 많은 워커들이 농장 측 차량을 이용해 이동한다.

뉴사우스웨일스 주립 미술관
시드니 도심에 위치해 있다. 1871년 에 설립되었으며 호주에서 네 번째로 규모가 큰 미술관.
호주 원주민인 애버리진 예술은 물론, 유럽과 아시아의 작품까지 폭넓은 전시가 이루어진다.

# 첫 실패

농장에서 일하는 첫날이다. 들뜬 마음을 가지고 농장의 신이라 불리는 농신이 되기로 마음먹었다. 현지 매니저가 말하기를 1Box를 채우는데 3~4시간 정도 걸린다고 했다. 1Box를 채우면 75$를 받을 수 있는 능력제다. 하루에 보통 10시간을 일하니 빨리만 행동한다면 3Box도 가능할 것 같았다.

그러나 그것은 겉모습뿐이었다. 실제로 해보니 10시간을 일해도 1Box조차 채우기가 힘들었다. 워커들 30명 중 가장 빠르다는 사람도 하루에 1~2Box 정도. 나는 중간보다는 조금 빠른 편이어서 0.8Box를 채웠는데 계산해 보니 하루 60$. 시간당 6$ 정도밖에 나오지 않았다. 최악의 조건이었다.

현재 호주 최저임금은 15$. 출퇴근 픽업비 6$. 방값 주 100$. 세금과 식비를 제외하면 남는 것이 거의 없다시피 했다. 사실 과일 따기가 단순직이라 일을 더 해도 크게 속도가 향상될 것 같진 않았다. 나뿐만이 아니라 대부분의 워커들이 이 점을 심각하게 받아들이고 계속 일을 해야 할지부터 걱정이 앞섰다.

둘째 날도, 셋째날도, 달라지는 것은 아무것도 없었다. 가시에 찔려 손은 상처투성이에, 옷은 나무에 걸려 찢어져 나가기까지 했다. 더 이상 선택의 여지가 없어 보였다. 떠나기로 결정하고 다음날 아침 차를 가지고 있는 친구에게 부탁해 버스터미널까지 픽업을 받고 터미널로 돌아왔다.

나의 워킹홀리데이 처음은 이렇게 실패로 끝나고 말았다. 장담하건데 한 달 안에 대부분의 워커들이 그곳에서 나올 것이다. 첫날 일이 끝나고 다들 모여서 급여가 너무 적다는 얘기밖에 하지 않은 것 같다. 한국에서 일을 해도 그 정도는 받을 수 있을 것 같았다.

누군가 만다린 농장을 간다고 하면 말리고 싶다. 개인차가 있겠지만 투입한 시간과 노동력에 비해 산출되는 결과가 너무 터무니없다. 누군가 나에게 조금만 더 버티면 적응이 된다고 하지만, 그러고 싶지도 않았다. 차라리 다른 일을 찾는 것이 더 효과적일 것이란 생각이 들었다. 짧은 시간이었지만, 일을 하면서도 이건 아니라는 생각이 머릿속을 떠나지 않았다. 나는 시작도 빠르지만 포기도 빠른 사람이다. 한번 아닌 건 아닌 거다. 실패를 교훈삼아 다음번엔 이런 일이 발생하지 않기를 바란다.

31

# 브리즈번에서 일자리 찾기

브리즈번에 도착하고 안정적인 시급을 받는 공장을 알아보기로 했다. 도착한 당일 세컨비자에 급여가 제법 괜찮은 소고기 공장을 알아보기로 했다. 하지만 고기공장에 취직하려면 Q-Fever주사를 맞아야 하는데, 검사부터 주사를 맞기까지 대략 1주일 정도 소요된다. 나는 공휴일이 껴 있어서 10일 정도 걸린 것 같다. 시간은 더디게만 흘러갔다. 한국에서 가지고 온 돈은 점점 바닥나기 시작하고 일자리는 생각처럼 구해지지 않았다.

물론 다른 일자리야 찾으면 얼마든지 있다. 설거지, 청소, 서빙 등……. 하지만 한국에서도 하지 않은 일을 여기까지 와서 하고 싶지는 않았다. 한국에 있을 때 남부럽지 않은 외국계 기업에 다니던 나인데, 타국까지 와서 외국인 노동자처럼 모텔방이나 청소하고 주방에서 설거지나 하고 싶지는 않았던 것이다. 자존심이 허락하지 않았다.

만일 이곳이 한국이었으면 공장도 기피했을 텐데, 그나마 공장이 워킹 홀리데이 메이커들에게는 가장 운이 좋은 케이스였다. 하지만 어쩌겠는가. 이곳은 호주이고, 나는 계속 생활을 해나가야만 한다. 당장 농장일에 실패하고 일자리를 구하기 힘들다고 한국으로 돌아갈 수는 없는 노릇 아닌가.

도착한 지 이제 한 달이 지났지만 제대로 해놓은 것은 아무것도 없었다. 조금씩 지쳐가기 시작했다. 매일 시립도서관으로 출근해서 일자리를 알아보고, 이력서를 넣었다. 하지만 연락 오는 곳은 한 곳도 없었다. 무엇이 잘못된 것일까. 이렇게 브리즈번에서의 무의미한 일상은 계속되었다.

브리즈번의 스카이라인
호주에서는 city를 나가야 고층 건물을 볼 수 있다. 만일 현재 내가 있는 곳에 3층 이상의 건물이 보이지 않는다면 그곳은 town이라고 봐도 무방하다.

## Long pine koala sanctuary

6월 29일

일자리는 쉽게 구해질 것 같지 않고, 이곳에서의 반복되는 일상
이 재미가 없었다. 뭐라도 해야만 할 것 같았다. 그래, 호주의 상징
이라고 할 수 있는 코알라와 캥거루를 보러 가자!

운 좋게도, 브리즈번 시내에서 자전거로 40분 정도 떨어져 있는
곳에 동물원이 있었다. 규모는 그다지 크지 않은 곳이었지만 볼거
리는 많았다. 우리나라와는 다르게 단순히 동물을 철장에 가둬두
고 보는 것이 아니라 많은 동물을 초원에 방사하여 직접적인 교감을

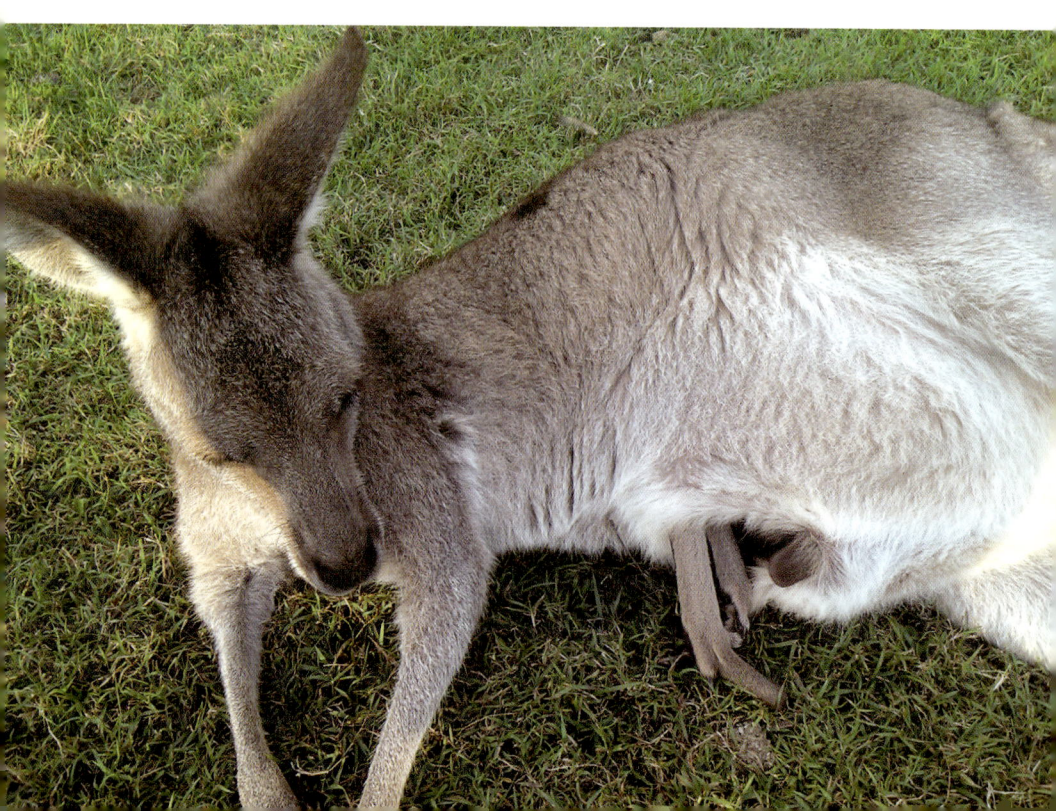

나눌 수 있는 체험적인 공간이었다. 코알라, 에뮤, 캥거루, 각종 호주에서만 볼 수 있는 동물들이 많았다. 실제로 캥거루를 만져 볼 수 있었는데, 주머니에 새끼를 넣고 뛰어다니는 모습이 인상적이었다. 수십 마리의 캥거루들이 초원에서 집단생활을 하는데, 대부분의 캥거루들은 순하지만 가끔씩 싸움을 거는 캥거루도 있으니 조심해야 한다. 캥거루와 셀카를 찍었다. 드넓은 대자연에서 양떼를 모는 개도 있고, 가끔씩 길가에 도마뱀도 걸어 다니니 조심해야 한다. 사람이 지나가면 피하지만 잘못하면 밟힐 수도 있을 것 같았다.

코알라와도 사진을 찍고 싶었으나 사진 한 번 찍는 가격이 생각보다 비쌌다. 패키지 상품으로 16$~50$ 정도 하는데, 백수인 내게는 부담스러운 가격이 아닐 수 없었다. 새들과도 사진 찍고 에뮤와도 사진 찍는 것으로 만족해야 했다.

호주는 뭐든지 비싸다. 작년에 태국을 갔을 때 동물들과 사진 찍는 게 3$ 정도였던 것으로 기억하는데, 여기와 10배 정도 차이나는 셈이다. 물가의 차이는 인정하지만 뭘 하든지 다시 한 번 고려해 봐야 한다. 아무 생각 없이 한국에서 썼던 것처럼 행동한다면 빈털터리 되는 것은 시간문제.

3시간 정도면 충분히 볼 수 있는 것은 다 본 것 같다. 빨리 보는 사람은 입장 후 2시간 만에 나가는 사람도 있고, 이곳에 4시간이나 있으면 조금 지루할 것 같았다. 3시간이 가장 적당! 5시가 조금 안 되어 동물원을 나왔는데 해가 지고 있었다. 지금 이곳은 6월의 거울이어서인지 해가 무척 일찍 진다. 그래 봤자 날씨는 우리나라 봄 날씨 수준.

오랜만에 외출해서 이대로 Backpackers로 돌아가기는 아쉽고, 근처에 지도를 보니 정사각형 모양의 호수 공원이 있어 가보았다. 호주는 공원이 워낙 많아 어느 곳이나 쉽게 찾아갈 수 있는데, 시내에서 조금 떨어진 곳이어서 그런지 원시림 초원에 호수가 있는 형상이었다. 사람의 흔적은 보이지 않았다.

호주의 대부분의 상점들은 일찍 문을 닫고, 시내에서 12㎞밖에 떨어지지 않았지만 대중교통도 드문드문 다니는 것 같았다. 시드니도 마찬가지긴 하다. 중심가 부분만 어느 정도 활성화가 되어 있고 조금만 벗어나면 바로 외곽이다. 영토가 워낙 넓고 인구는 적어서 그런지 개발이 안 된 곳도 무척이나 많다.

공원을 한 바퀴 돌고 다시 브리즈번 시내로 돌아가는데, 초행길인데다가 길이 어두운 탓에 처음에 온 길을 찾지 못해 결국 돌아 40분이면 갈 길을 100분은 걸려서 왔다. 어느 지역이나 마찬가지겠지만 대중교통을 이용하지 않고 지도만으로 길 찾기는 정말 쉽지가 않다. 동서남북 구분이 잘 안 되고 반대쪽으로 가기 일쑤다. 그래도 오랜만에 외출하니 한결 기분이 상쾌해졌다. 내일부터 또 일자리를 찾으러 이곳저곳 돌아다니며 이력서를 내봐야겠지만, 그래도 오늘 하루는 상당히 만족스러운 하루였다.

# 02

# 호주산 청정우?

한국에서도 어학원이나 여행사에서 고기공장 일자리를 알선해 준다고
소개비를 받거나, 마치 굉장히 좋을 것이 있을 것 마냥 광고를 하는데,
어느 공장이든지 다 마찬가지일 것이다.

원어민 수준의 영어가 되지 않고 이곳에서 대학을 졸업하지 않는 이상
단순한 일을 하는 것은 다를 바 없다.
다른 나라 워홀러도 사정은 같다. 끊임없는 반복.

# 멜번, 고기공장 일자리 구하기

자주 가는 한인 커뮤니티를 통해 드디어 일자리를 구하는데 성공했다. 그것도 워커들에게 꿈의 직장이라고 불리는 고기공장! 나쁘지 않은 조건으로 일하기로 결정했다.

위치는 멜번에서 약 140㎞ 떨어져 있는 필립 아일랜드. 한국의 어느 취업 사이트에서 '천국의 알바'라고 불리는 원정대를 보낸 곳으로 유명하다. 3주간 펭귄먹이 주고 1천만 원 알바라니, 호기심을 끌 만하다. 당시 경쟁률이 무려 2000:1이었다고 한다. 물론 나도 이 행사는 알고 있었지만 당시 직장인이었기 때문에 패스!

그곳은 현재 내가 있는 브리즈번에서 약 2,000㎞정도 떨어진 먼 곳이다. 하지만 우리 한국인 워킹홀리데이 메이커라면 위치는 그다지 중요하지 않다. 심지어 5,000㎞ 떨어진 곳까지 일자리를 찾으러 간다는 사람도 있다고 들었다.

바로 내일 이동을 해야 한다. 비행기로 가면 좋겠지만, 짐이 많고 자전거까지 있다. 그리고 내일 당장 출발할 비행기를 예약하기는 곤란한 점이 있었다. 기차를 타고 가기로 결정하고 예약을 끝냈다. 이동하는데 대략 30시간 정도가 소요될 예정이다. 개의치 않고 가기로 했다. 내일 오후 3시 10분에 출발할 예정이다.

호주산 청정우?

오전 9시. 일주일 전에 예약을 했던 Q-Fever 주사를 맞고 잠시 시간이 남아 마지막으로 브리즈번을 한 번 더 돌아보기로 했다.

Street Beach! 한국으로 말하자면 한강 야외수영장 정도라고 말할 수 있겠지만 차원이 달랐다. 인공 해수욕장을 만들어 놓은 셈인데, 규모는 그다지 크지 않았지만 호주에서 유일한 도심 속 야외 Beach 라고 한다. 평일 오전임에도 불구하고 가족 단위 사람들이 무척 많았다. 이들의 여유로운 생활이 부러웠고, 도심 중심가에 이런 곳을 만든 브리즈번의 발상이 놀라웠다.

점심을 간단히 해결한 후 출발해야 한다. 브리즈번에서 필립아일랜드로 직항열차는 없다. 따라서 멜번으로 이동 후 한 번 더 환승을 해야 한다. 3시 10분 기차니 여유를 갖고 오후 2시 정각에 기차역에 도착했다.

하지만 문제가 생겼다. 자전거가 문제였던 것이다. 이전의 경험을 바탕으로 시드니에서 다른 도시로 이동할 경우 기차역에서 자전거 박스를 제공했는데 이곳은 그런 것이 없었다. 결국 자전거를 박스에 넣어 오지 않는다면 갈 수 없다는 말뿐이었다. 조금 당황스럽기도 했지만 박스를 구하기 위해 도심 자전거 가게를 찾아 박스를 얻기로 했다. 하지만 자전거 가게가 어디 있는지도 모르고 그곳에 간다하더라도 박스가 있을지 의문이었다. 물어물어 자전거 가게를 두 군데나 찾았지만 역시 박스는 구하지 못했다. 또 다른 자전거 가게를 찾으러 가야겠지만 시간이 촉박하다. 그리고 다른 가게는 걸어서 40분을 이동해야 했다. 시간은 10분밖에 남지 않았다.

기차역 안내원은 다른 회사 버스를 알아보든지 아니면 내일 가든지 선택을 하라는 말만 남긴 채 무책임하게 떠나버렸다.

결국 시간은 흘러 기차는 떠났고, 나 홀로 자전거와 기차역에 남게 되었다. 예약까지 해놓고 코앞에서 기차를 놓친 셈이다. 어이없는 상황이 되어버렸다. 자전거가 원망스럽고 내가 한심해 보이기까지 했다.

결국 나는 그날 고기 공장과의 약속은 지키지 못했다. 엎친 데 덮친 격으로 내일 열차까지 모두 매진된 상황. 결국 수요일에 출발하는 멜번행 기차를 예약했지만, 기분이 좋을 리 없었다. 계획했던 일정은 모두 흐트러져 버렸고 그나마 남아 있는 돈도 얼마 없었는데 또 Backpackers에서 이틀을 머무를 수밖에 없었다.

다행히 고기공장과의 통화에서 사정을 얘기했더니, 수요일에 출발하라는 메시지를 받았다. 불행 중 다행이지만 참 어처구니가 없을 뿐이었다. 물론 내가 박스를 체크하지 못한 점도 잘못이겠지만, 기차역 측에서도 대책 없이 박스를 구해오지 않으면 기차에 탈 수 없다는 말만 남기고 직원은 퇴근해 버리다니…… 답답하기만 했다.

호주라는 나라가 워낙 커서 지역마다 시스템이 다를 수도 있겠지만, 앞으로 나 같은 여행자가 또 나오지 않기를 바랄 뿐이다. 하루를 마치며 긍정적으로 생각하기로 했다. '잘 되겠지' 하는 생각으로!

# 도살장에서의 일

7월 12일

고기공장에서 일을 하려면 필요한 것이 두 가지가 있다. Medical Test와 Q-Fever이다.

Medical Test는 특별한 것이 아니고 마약을 한 경험이 있는지 확인하는 것이다. 소변검사 하나만을 하는데 드는 비용은 64$. 단지 소변검사 하나 하는데도 현재 환율로 75,000원이 들었다. 한국에서 소변검사 하나 하는데 얼마나 드는지 생각해 보지 않았지만, 이처럼 비싸지는 않겠지. 들리는 소문에 의하면 하루 입원 하면 한화로 100만 원 이상이 나온단다. 단 하루 입원비가 비행기 편도비용보다 비싼 것이다.

이 검사를 하는데도 예약을 해야 했는데 예약하고 2일 후에 검사를 할 수 있었다. 호주는 행정 처리가 대부분 한국보다 느린 것 같다. 기다림의 미학이 어느 정도는 필요한 곳이다.

내가 맡은 Kill Floor는 소의 내장을 담당하는 파트인데 비위가 좋지 않다면 조금은 힘든 곳이다. 나도 그다지 비위가 좋은 편은 아닌데 첫날은 많이 힘이 들었다. 소 멱따는 소리부터 도살된 지 얼마 안 된 소의 내장을 칼로 자르고 분리하는 파트였다. 바로 잡은 소의 내장이 따뜻한데 그 느낌이 그다지 좋지는 않았다.

가장 힘든 부분은 임신한 소의 자궁을 잘라내는 것이었는데, 자궁을 자를 때마다 죄책감이 많이 들었다. 막 태어날 것 같은 송아지가 마치 살아 있는 듯 꿈틀대는데, 볼 때마다 속이 쓰렸다. 아무리 돈을 벌기 위해 이곳에 왔다지만 이렇게까지 하면서 이곳에 있어야 하는 의문이 들었다.

일이 끝날 때 쯤 되면 옷은 소피로 모두 젖어 있었고, 조금 과장해서 말하면 소피로 샤워를 하고 간다고 하면 맞을 듯하다. 일을 하다 보면 장기를 던져서 신장, 간, 막창 등 모두 따로 구분하는데, 워낙 공장일이 빨리 돌아가서 얌전히 놓을 수가 없어 분리하는 과정에서 피가 많이 튄다. 퇴근할 때쯤 거울을 보면 얼굴에 피가 잔득 묻어 있고, 장갑을 끼고 일을 한다고는 하지만 손에 피가 계속 묻어 마치 목욕을 오래하고 나오면 손이 쭈글쭈글해지는 것처럼 손이 항상 쭈글쭈글해지곤 했다. 그다지 유쾌한 직업은 아니었다.

호주 사람들은 고기공장에서 일하는 것을 좋아하지 않는다. 그래서 그런지 내가 근무하고 있는 공장에는 아프리카 사람부터 아시아, 남미, 유럽 등 다민족이 대부분이었다. 오히려 호주 현지인보다 외국인 근로자가 더 많은 그런 곳이었다. 한국도 3D 직종을 기피하는 현상이 뚜렷한데 이곳도 다르지 않았다. 한국에서도 기계가 할 수 없는 일을 많은 외국인 근로자들이 담당하고 있다. 한국은 대부분은 동남아시아 사람들이지만 호주는 최저임금 자체가 워낙 높기에 여러 국가에서 일을 하러 온 사람이 많은 것이다.

나를 포함해 거의 대부분의 노동자들이 최저임금 수준의 임금을 받고 일을 하지만 그래도 공장은 인기가 좋은 편이었다. 시티에서 일을 하면 최저 임금조차 지켜주지 않는 한인 업주들이 대부분이었기에 많은 워홀 메이커들은 공장을 선호하는 편이다. 그래도 공장은 최저임금은 지켜주는 듯했다. 내가 성실히 일한 만큼의 급여가 나오고 단순 노무직이고 많이 힘들지만 급여는 떼이지 않고 일할 수 있기 때문이기도 하다.

가끔 시티에서 한인 업주들은 트레이닝 기간이라고 해서 처음 2일은 무급으로 일을 시작하기도 한다. 그리고 3일째 되는 날부터 시급 10$ 수준의 급여를 주는데, 나는 그런 식으로 일을 하고 싶지는 않았다. 엄연히 법정 최저임금이란 것이 있는데 그것을 무시하고 일

을 하는 한국인들이 태반이다.

많은 어린 친구들이 주방에서 설거지나 청소 등을 하지만, 나는 한국에서도 하지 않은 일은 하지 않을 생각이다. 자존심의 문제이고 이제껏 살면서 그런 대접을 받은 적이 없다. 또한 한인잡을 선택하게 되면 하루에 단 한마디의 영어도 쓰지 않고 생활하게 된다. 8,500㎞를 날아 여기까지 온 의미를 찾을 수 없다.

비록 공장에서도 대부분 나와 같은 외국인 노동자 처지로 단순히 고기를 계속 자르기는 하지만, 쉬는 시간이면 서로 모여 농담을 하기도 한다. 물론 세계 공용어인 영어로 말이다.

고기공장이란 곳이 다른 일자리보다는 급여가 높은 곳이긴 하다. 누가 이곳을 워홀러의 신의 직장이라고 말하는지는 모르겠지만, 아마도 그 말을 한 사람은 고기 공장에서 일을 해본 경험이 없을 것 같다. 급여가 높은 만큼 정말 많이 힘들기 때문이다. 이곳에서 일한 첫날부터 전에 일한 농장이 그리워지긴 했지만 후회하지는 않았다. 그 전에 일했던 농장보다 3배 이상의 급여를 받기 때문이다. 내가 지금 일하는 공장은 일을 다른 곳에 비하면 그다지 많이 하는 편은 아니다.

주당 35시간 정도 일하는 것 같은데 일이 끝나게 되면 개인 시간은 많이 남는 편이었다. 6시 30분부터 일을 시작해서 3시 정도에는 일이 끝이 난다. 주말은 물론 일을 하지 않는다. 참고로 호주는 쉬는 시간은 급여에서 계산하지 않는다. 말 그대로 쉬는 시간, 식사시간에는 일을 하지 않기 때문이다. 보통 이 정도 시간이면 하루에 소를 300~400마리 정도 잡는다고 생각하면 되겠다.

다른 고기공장을 가보지는 않았지만 공장 규모도 그다지 큰 편은 아닌 것 같았다. 정말 큰 공장은 하루에 소를 1,000마리 이상도 잡는다고 한다. 호주에 대략 150~200여개 정도의 소고기 공장이 있는데 매일 이렇게 도살을 한다면 소가 멸종하지는 않을까 걱정되기도 했다.

공장에서 일을 한 이후로 육식은 거의 먹지 않게 되었다. 이래서 채식주의자들이 생겨나는 것 같다는 생각도 들었다. 소고기를 먹을 기회가 있었는데 먹고 싶지가 않았다. 한국에서는 그 비싼 소고기를 먹고 싶어도 먹기 힘들었지만, 이곳은 오히려 소고기 값이 돼지고기보다 싸다. 매일 만지는 게 소 내장이라서 그런지 정말 곱창은 쳐다보기도 싫은 정도였다. 누군가 고기 공장을 가겠다면 말리지는 않겠지만 결코 만만하게 볼 곳이 아니다. 고기공장은 정말 육체적으로나 정신적으로 강한 사람이 아니라면 차라리 농장을 가라고 말하고 싶다.

# Phillip Island

주말을 맞이하여 타운을 벗어나기로 했다. 일을 시작한 지 얼마 되지도 않았지만 단순한 공장일에 벌써 질리고 있었다.

근처에 자전거로 갈 수 있는 곳을 찾아보던 중 '필립 아일랜드'라는 곳을 찾았다. 다른 곳은 기본 거리가 10㎞에 육박하기에 당일치기로 자전거를 타기에는 무리가 있었다. 다행히 필립 섬은 자전거로 2시간 거리에 위치해 있었기에 조금만 달린다면 충분히 갈 수 있었다.

필립 섬은 펭귄으로 특히 유명한데, 펭귄을 볼 수 있는 시간이 해가 질 무렵이어서 펭귄을 보고 오기에는 다소 무리가 있었다. 호주는 해가지면 가로등도 거의 없고 자전거로 이동하기에는 많은 위험이 있었다. 특히나 대부분의 지방도로가 신호등이 없기에 자동차들은 무척이나 빨리 달린다.

펭귄은 다음에 보기로 하고, 그 외의 유명한 곳을 몇 곳 둘러봤다. 필립 섬의 가장 높은 곳에 위치한다는 Cape Woolamai, 농장으로 유명한 Churchil Island, 필립 섬 초콜릿 공장 등이 있다. 이곳은 주말이면 근교 대도시인 멜번에서 많은 사람들의 휴양지로 유명하다. 매년 Grand Prix Circuit 경기가 열리고 Cruise를 이용해 바다사자를 볼 수도 있다.

처음 방문한 나는 위의 세 곳만 둘러봤는데도 꾸미지 않은 대자연의 광경에 항상 놀라곤 한다. 호주 정부는 땅이 넓은 휴양지도 많은데 울타리나 별도의 설치물 없이 자연 그대로의 모습을 보전하려고 최대한 노력하는 것 같았다. 여유가 된다면 헬리콥터를 이용해 섬 일주를 할 수도 있는데 선뜻 이용하기는 조금 부담스럽고 시간이 무척 짧아 망설여지게 했다.

공장일이 끝나고 주말이면 특별히 할 일이 없었다. 어디를 가려고 해도 차가 없으니 이동이 불편하고 거리가 먼 게 단점이었다. 물론 도시와 도시를 이어주는 버스는 있었지만 운행간격이 짧지 않은 것도 문제였다. 처음으로 호주에 와서 차가 있었으면 좋을 것 같다는 생각이 들었다. 주말마다 어디를 가서 무엇을 할지도 고민이 되지 않을 수 없었다. 그렇다고 매주 140㎞나 떨어진 멜번을 간다는 것도 힘든 일이었다. 하지만 통장에 잔고를 생각해 차를 갖고 싶다는 생각을 접었다. 이곳은 중고차 가격도 한국에 비해 비싸다.

# 공장 출퇴근

소고기 공장에서 일을 시작한지도 3주. 시작은 무척 힘들었지만 어느 정도 몸도 적응되고 이제는 소피가 몸에 묻어도 신경도 쓰이지 않았다. 심지어 일을 하다 보면 막 컷팅한 소머리도 세척하고 피가 얼굴로 튀어 입에 들어가기도 한다. 어느 것 하나 신경 쓰이지 않았다.

다만 소머리를 닦다가 소 눈을 보면 기분이 참 묘했다. 웬만큼 적응된 것 같긴 한데 역한 냄새를 비롯해 아직까지 힘든 점이 조금은 있었다. 단순 노무직에 지루한 일이지만, 점점 적응이 되어가고 있는 것 같았다.

일을 하는 것은 별로 문제될 게 없었는데 공장 출퇴근이 번거로웠다. 보통 출근은 한국인 매니저 차를 이용해 하지만 퇴근시간이 달랐다. 처음 며칠 동안은 같이 일하는 한국인 동료차를 이용해 집에 왔지만, 그 친구도 다른 공장으로 떠나서 차가 없었다. 할 수 없이 매니저가 끝나기를 기다리는 수밖에 없었다. 그것이 아니라면 걸어서 3시간 이상을 이동해야 했다. 대중교통은 전혀 없었다. 매일 1시간씩 휴게실에서 기다리는 것이 지겨웠고 시간이 아까웠다.

일주일 후. 매번 이렇게 기다릴 수 없겠다는 생각이 들어 차를 사야겠다는 생각이 들었다. 한두 달만 일하면 중고차를 살 수도 있을 것 같았다. 하지만 그동안은 역시나 이동이 어려웠다. 할 수 없이 무작정 공장을 나와 걸어가기 시작했다. 인도도 없는 곳에서 무작정 차도 옆으로 걸어갔다. 밤이면 가로등도 없는 곳에서 걸어 다니는 것이 무척 위험했겠지만, 지금은 낮이고 길도 알고 있어 걸어가는 것도 나쁘지 않다고 생각이 들었다.

공장을 나와 5분 정도 걸었을까. 어떤 차가 내 앞에 정지하더니 타란다. 어디를 가는지도 모르고 무작정 타라니. 내가 Wonthaggi Share House에 산다고 하니 자기도 그곳에 산다며 같이 가자고 했다. 운 좋게 공짜로 집까지 차를 얻어 탈 수 있었다. 공장 다른 파트에서 일하는 직원이었는데 QA부서 직원이었다. 정말 고맙게도 내가 사는 집 앞까지 바래다주었다.

다음날도 공장일을 마치고 퇴근 후 걸어서 공장을 나가고 있는데 정문을 지나기도 전에 또 다른 차가 내 앞에 서더니 타라고 했다. 이틀 연속? 이번엔 다른 사람이었다. 3일차가 되는 날도 또 다른 사람

의 차를 얻어 집으로 이동했다. 길에서 손을 흔들고 히치하이킹을 한 것도 아닌데 걸어가는 외국인 노동자가 안쓰럽게 보였는지 그 이후에도 정문만 나서면 5분 안에 차를 얻어 탈 수가 있었다.

매일 일이 끝날 무렵 무작정 걸어 나가다 보면 누군가 나를 픽업해 주었다. 오늘은 어떤 사람을 만나게 될지 집에 갈 때 즈음만 되면 궁금해지기도 했다. 그래도 역시 차가 있었으면 좋을 것 같았다. 매번 처음 보는 사람에게 신세를 지는 것도 미안하고, 출근 시 교통비를 따로 냈기에 내가 차를 사면 오히려 픽업비로 돈을 벌수도 있었다. 기름값보다 출퇴근 시 픽업비로 받는 게 더 많았기에 오히려 차를 사면 여러 경우를 제외하더라도 이득이었다.

당장 한국에서 돈을 빌려 차를 사고 싶었지만 너무 서두르지 않기로 했다. 자전거를 서둘러 샀다가 바가지를 쓴 것도 생각이 나고 여기저기 저렴한 차를 충분히 알아본 후, 한 달 뒤 9월에 차를 사기로 결정했다. 그동안 최대한 아껴 부지런히 돈을 벌어 놓아야 했다.

막상 차가 있을 거라고 생각하니 주말도 즐거울 것 같고, 차를 이용해 돈도 벌고 1석 2조였다. 차를 꼭 사기로 결정! 한 달 뒤 어떤 차가 나를 기다리고 있을지 벌써 기대되고 흥분됐다. 일을 하는 동안에도 그동안은 재미없고 지루하고 내가 여기서 왜 이 일을 하고 있는지 의문이 들었지만 이제는 일을 하는 게 즐거웠다. 목적이 있으니 더 많은 시간을 할애해 일을 하고 싶었고, 차곡차곡 쌓이는 통장 잔고를 보면서 행복했다.

54

호주산 청정우?

## 예기치 못한 휴가

공장이 당분간 휴가에 들어갔다. 지난주에도 주 4일을 일하더니 요번 주는 주 2일밖에 일을 안 한단다. 무척 난감했다. 7일 중 2일밖에 일을 안 하면 방값과 식비, 기타 생활비를 제외하고는 저축할 수 있는 돈이 거의 없었다.

8월 초부터 하루씩 쉬기에 그런가 보다 했는데 이번엔 조금 심각했다. '이번 한 번뿐이겠지'라는 생각도 들었지만, 내가 온 이후에 다른 지역에서 내가 일하는 공장으로 이동해 일을 시작한 사람이 두 명 있는데, 그 친구들도 다른 공장에 일거리가 없어 당분간 문을 닫아 내가 일하는 곳으로 온 것이었다. 불안하기 시작했다. 혹시 내가 있는 곳도 일거리가 없어 몇 달간 문을 닫으면 어쩌나 하는 생각이 들었다. 일을 시작한 지도 얼마 안 됐는데 또 이동을 해야 하는 건가. 지금 이곳은 겨울이라 농장도 시즌이 아니다. 막막하고 5일 동안 뭘 해야 할지도 몰랐다.

일단 당분간은 한국에서 갖고 온 책도 읽고 근처 도서관을 이용했지만 고용이 불안한 건 어쩔 수 없었다. 내가 일하는 동안만 해도 주 30~35시간밖에 일을 하지 않았다. 이 시간도 무척 짧은 시간이라고 생각했지만 호주라는 나라가 원래 일을 많이 하지 않는단다. 한국에서 직장을 다닐 때 하루 12시간에서 많게는 15시간 이상도 일해 보

56
호주 워킹홀리데이

곤 했는데 전혀 달랐다. 시간은 너무 많이 남고 할일은 없었다.

투잡을 하려고 다른 직장을 알아보려고 해도 시골이라 일자리도 구하기 쉽지 않았고, 더군다나 영어도 잘 못하는 외국인 노동자를 고용하는 곳은 찾기 힘들었다. 시간만 낭비하는 건 아닌가 하는 생각도 들고, 다른 곳으로 이동한다고 해도 또 다른 직장을 찾는 시간, 이동 경비 등을 생각하면 당분간 이곳에 머무르기로 했다.

그동안 장기간 일했던 다른 사람에게 물어 보니 이런 적이 없었다고 한다. 더군다나 내가 일하는 공장은 설립된 지 100년이 넘은 공장이었다. 오자마자 공장 폐쇄를 하진 않을 것 같았다. 기다렸다. 다른 곳을 찾아 무작정 기다리는 것보다 상황을 지켜보는 것이 현명할 듯했다. 차를 사려고 아무 생각도 하지 않고 저축하기로 맘먹었는데 9월에 차를 살 수 있을지도 의문이 들고, 적자는 보지 않겠지만 걱정이 되는 것은 어쩔 수 없었다. 긍정적으로 생각해 쉬는 지금을 즐기기로 했다.

# 현대 란트라 구입!

조금 서둘러 차를 샀다. 내가 원했던 가장 유력한 방법은 온라인 경매를 통하여 차를 싸게 구입하는 것이었는데 AU560$에 96연식 포드 자동차를 낙찰 받았다.

그리고 다음날. 사진으로만 본 자동차를 확인하려고 멜번으로 향했다. Wonthaggi에서 멜번은 처음 나가보는 것이었는데 역시 생각보다 멀었다. 2시간 정도 거리였다. 멜번에 도착해서 차량 소유주와 연락하고 차를 확인했는데, 역시 싼 게 비지떡이었나 보다. 자동차는 관리가 전혀 안 되어 있어 차량내부는 쓰레기로 가득하고, 오랫동안 운행을 하지 않아서 그런지 시동조차 걸리지 않았다. 거기다 차량 파손의 흔적까지 역력했다. 아무리 저렴해도 돈을 조금 더 보태 다른 차를 사는 것이 좋다고 판단! 첫 번째 차는 지나쳤다.

어젯밤 두 번째 알아본 차량을 보기 위해 연락을 취했다. 하지만 1시간 전에 판매가 완료됐다는 대답뿐. 세 번째 차량 소유주와 만나기 위해 연락을 취했지만 전화를 받지 않았다. 하는 수 없이 조금 가격이 나가더라도 딜러와의 거래를 다짐하고 딜러에게 전화를 했지만 공휴일인지 역시 연락이 안 됐다.

마지막으로 한국인에게 연락이 닿았는데, 시운전도 해보고 외관을 살펴봤지만 특이사항을 발견하지 못했다. 현지 차량 명으로는

Wonthaggi historic coal mine
Wonthaggi는 과거 광산으로 유명한 지역이었다. 이것을 기념으로 남기고자
박물관을 만들어 놓았다.

Lantra. 한국에서는 아반떼 린번 2000연식이다. 21만㎞나 주행했지만 주행 시에도 큰 소음은 들리지 않을 정도로 정숙한 차였다. 내가 구입한 차량은 워홀로 온 친구들 중에서는 차량 연식이 좋은 편에 속한다. 대부분의 사람들이 2000연식 이전의 차량을 구입하기 때문이다.

한국에서도 출퇴근 시 거의 자전거를 이용했는데, 이 먼 곳까지 와서 내 생의 첫차를 사리라고는 생각지도 못했다. 금전적인 문제도 있겠지만 자동차라는 것이 위험부담이 상당하기 때문에 대부분의 워홀러들이 차량 구입을 망설이는 게 아닐까 생각된다. 하지만 현재 내가 있는 곳은 출퇴근조차 힘들고 매일 퇴근 시 히치하이크도 조금은 걱정이 됐었다. 또한 차량을 구입하면 조금이나마 픽업비를 받을 수 있기에 구입을 망설이지 않고 생각나는 대로 차량을 구입했던

것이다. 핸들도 반대쪽이고 수동기어라서 왼손으로 기어를 변속해야 했었다. 내가 이 차량을 마지막에 연락하게 된 이유도 바로 수동기어 때문이었다. 물론 한국에서는 부모님차가 수동차량이라서 수동차량 운전에는 자신이 있었지만, 왼손으로 기어변속을 하기에 조금 부담감이 있을 것 같기에 제일 마지막에 연락했던 차인데 특이사항이 없고 판매자의 신뢰도 돋보였다.

특이한 것은 차량의 색이 노란색이라는 점이다. 중형차가 노란색이면 한국에서 택시로 사용하던 것을 수입해 왔을 거란 예측은 할 수 있지만, 1800㏄ 차량을 택시로 사용할 리는 없겠다. 곰곰이 생각해 보니, 운전면허 시험장에서 사용된 것이 아닐까 하는 생각이 들었다. 그렇지 않고서야 누가 아반떼를 다른 튜닝도 없이 노란색으로 도색을 했겠는가. 조금 색이 튀긴 했지만 현지 택시도 노란색이고, 개성을 살릴 수 있다는 장점(?)도 살짝 보여서 나름 귀여워 보였다. 마치 트랜스포머의 범블비 같다고나 할까.

부디 워홀로 호주에 있는 동안 차가 퍼지는 일이 없기를 바란다. 차가 퍼져버리면 차량구입비용보다 수리비가 더 많이 나올 가능성의 폐차를 생각해야 하기 때문이다. 이 차가 나를 얼마나 편하게 목적지까지 이동을 시켜줄지, 아니면 배보다 배꼽이 더 많이 나올지는 알 수 없지만 첫차구입을 이곳에서 한국 차로 시작했다는 게 마냥 설렌다. 오래돼서 구석구석 흠집도 보이지만 이제는 내차다. 나도 이곳에서 오너가 된 것이다.

# 배보다 배꼽이 더 큰 란트라

원래 호주에서는 차량 판매자가 'Road Worth Certificate'라는 것을 카센터에서 받아 파는 것이 일반적이지만 가격이 저렴한 차의 경우에는 이것 없이 판매하는 경우가 많다. RWC는 차량이 도로를 운행을 하는 데에 있어 이상이 없다는 것을 증명해 주는 서류이다. 보통 아무런 이상이 없는 경우 검사비가 180$ 정도이다. 이 금액에 수리를 해야 할 곳이 있으면 금액은 추가된다. RWC가 없으면 차량을 등록할 수 없으므로 필수품이라 하겠다.

시운전을 할 때는 아무 이상이 없던 차가 차량 정비소에 가니 이것저것 수리해야 할 곳이 많았다. 일반인이 보는 관점에서와 정비사가 보는 관점은 다르겠지만, 나 같은 경우에는 조금 과다하게 비용이 청구됐다. 참고로 호주에서는 이런 경우가 허다하다. 몇 년 동안 잔 고장 한 번 없던 차가 막상 되팔려고 RWC를 받으려고 하면 수리비가 1,000$ 이상이 나오는 경우가 많다. 그래서 많은 차량 판매자들이 얼마나 나올지 모르는 RWC를 받기보다는 저렴한 가격에 차를 파는 것이다.

가급적이면 차를 구입할 때는 RWC가 포함된 차량을 구입하는 것이 현명하다. 배보다 배꼽이 더 많이 나오는 경우가 허다하므로! 이런 점을 악용해 RWC를 허위로 발급해주는 카센터도 많다고 들었

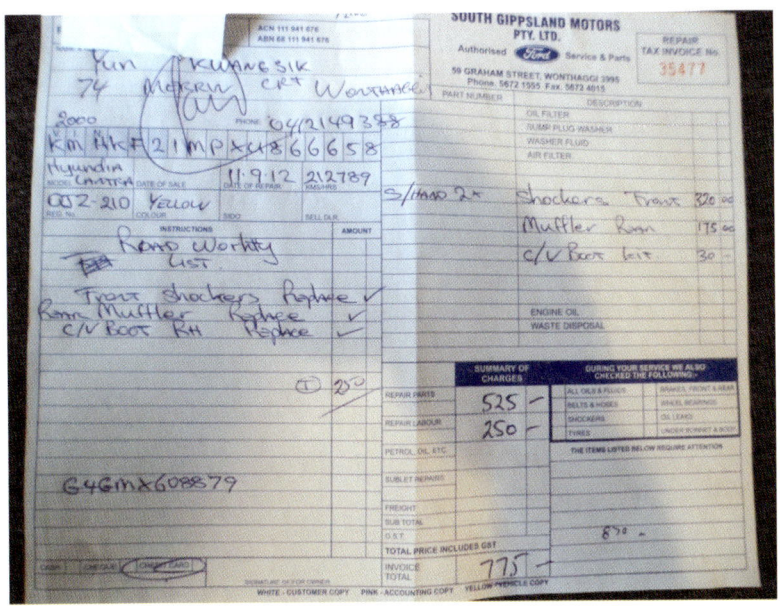

는데, 그런 차를 구입하면 나중에 사고라도 발생할 경우 큰 사고로
이어질 수 있을 뿐만 아니라 수리비가 차량가보다 더 많이 나와 폐
차를 하는 워홀러도 많이 있다고 들었다.

그래도 나 같은 경우는 1년 이상 차량을 운행할 계획이기에 정상
적인 루트를 거쳐 수리하기를 원했다. 검사비를 포함해서 1,050$가
나왔다. 차를 1,300$에 구입했는데 거의 차값만큼 수리비가 나온
것이다. 하지만 이미 구입한 차량을 되팔기도 힘들어 며칠 고민 후
차량을 수리하기로 맘먹었다. 13년이나 된 중고차인 만큼 가급적이
면 모든 부품을 중고로 대체하기로 했다.

하지만 중고품을 구하기도 쉽지 않아서 몇 개의 부품만을 중고로

대체했는데 최종 견적가가 800$. 만만치 않은 금액이었지만 시세보다도 차를 싸게 구입했고 다른 차를 알아보기도 번거로워 수리를 맡겼다. 결국 2000연식 란트라를 RWC포함 2100$에 구입하게 된 것이다. 그래도 시세보다 비싸지 않기에 만족스러웠다. 조금 쓰린 구석이 있긴 했지만 말이다.

이제 RWC도 받았고 명의 이전도 해야 하기에 차량 등록소로 발걸음을 옮겼다. 명의 이전을 한 후 차량운행 연장을 해야 했기에 'Rego'라고 부르는, 우리나라 말로 하자면 세금을 내야 했다. 수중에 돈이 많지 않아서 6개월만 연장을 하려고 했는데, 1년이 아니면 연장이 안 된다고 한다. 아마도 주마다 법이 조금씩 다른 듯했다.

하는 수 없이 1년을 연장했는데 650$나 들었다. 현재 환율로 환산하자면 78만 원이 든 셈인데, 역시나 호주는 무척이나 비쌌다. 13년이나 된 차량의 1년 세금이 78만 원이라니. 한국의 3~4배 정도는 든 것 같다. 인건비가 그만큼 비싸니 물가도 그 정도 값을 받는 모양인데 비싸도 너무 비싸다.

이제 차량에 관해 모든 것이 끝났다라고 생각이 들었고 며칠을 운행했는데, 아차! 보험을 들지 않았다. 호주는 종합보험이 의무사항이 아니라 들지 않아도 상관은 없지만 사고가 날 경우 타인의 차량 수리비와 병원비를 생각하니 아찔했다. 하루 입원에 1,000$ 가까이 나오는 모양인데 그만큼은 감당할 능력이 안 됐다. 더군다나 차량 수리비도 엄청났기에 도저히 생각조차 할 수가 없었다. 하는 수 없이 종합보험을 가입하기로 했다.

여러 회사의 가격 견적을 받아 보니 AAMI라는 보험사가 가장 저렴한 듯했다. 선택 옵션이 많았는데 통장에 잔고가 거의 없던 터라 화재나 도난사고의 옵션 따위는 모두 제외하고 사고 발생 시 본인 부담금을 최대한 높이고 차량의 가치를 최대한 떨어뜨린 다음 1년 보험 가입 견적을 뽑아 보니 300$ 정도가 나왔다. 그나마 가장 저렴한 보험이었다. 울며 겨자 먹기 식으로 보험도 가입했다.

이러고 보니 통장에 잔고가 30$가 남았다. 생각보다 차량에 들어간 비용이 너무 많았다. 며칠 사이에 3,000$ 넘게 차량에 돈을 쏟아 부은 것이다. 공장에서 일한 급여가 제때 들어오지 않는다면 당장 방값은 물론 식량을 구입하기도 빠듯했다. 이렇게 무리해서 차를 구입할 생각은 없었는데 상처뿐인 영광만 남은 것 같았다.

이제 모든 것이 끝났다고 생각했는데! 오일을 갈 때가 얼마 남지 않았다. RWC를 받은 카센터에서 오일 교체 비용을 물어봤는데 150$. 한국에서는 5만 원도 안 하는데, 여기서도 마찬가지로 3~4배 비용을 청구한다. 하지만 돈이 없었다. 결국 오일은 지금 당장 급한 게 아니므로 나중에 교체하기로 하고, 일단 패스!

이제 남은 것은 한 가지뿐. 눈앞에 보이는 것은 없었다. 오로지 더 많은 돈을 벌어야 한다는 생각밖에는.

# 육가공 공장의 현실

9월 2일

현재 소고기 공장에서 내가 담당하고 있는 파트는 소머리 세척이다. 얼마 전까지는 'Kill Floor'라는 내장 파트에서 일했지만 세 명이서 일하는 곳을 인력이 부족하다는 이유로 두 명으로 줄이고, 나는 소머리 세척하는 곳으로 이동했다.

잠시 소고기 공장에 대해서 말하자면 우선 공장 내부에서 소를 도살한다. 한번 시간이 날 때 도살하는 것을 본적이 있는데 정말 충격이었다. 그것을 보고 난 다음 마치 내가 죄인이 된 듯했고 여러 가지 생각으로 머릿속이 복잡해졌다.

소를 움직이지 못하도록 작은 틀 안에 가둬 놓고 소머리에 전자 충격기를 쏜다. 대부분의 소는 비명소리 한번 지르지 못하고 기절한다. 그 다음 소가 기절하면 소를 눕혀 놓고 이제 도살을 시작한다. 칼을 이용해 소목의 절반 정도만을 자르는데 쏟아져 나오는 피가 엄청나다. 마치 작은 폭포수가 쏟아져 나오는 것 같다고 할까. 하루 평균 350마리 소를 잡는데, 말 그대로 그곳은 '피바다'라고 밖에 설명할 수가 없다.

아직 죽지 않은 소는 누워서 몸을 사시나무 떨다가 이내 죽고 만다. 그리고 거꾸로 매달아 벨트로 이동하게 된다. 가죽을 벗기고 소머리를 완전히 자른 다음 이제부터 소머리는 내게 온다. 머리가 아래로 향하게 하여 매달고 이동하는데, 모든 피가 소머리 쪽으로 향해서 그런지 항상 소머리는 피로 가득하다. 피눈물을 흘리고 있는 소머리를 생각해 본 적이 있는가? 가끔씩 충격으로 눈이 빠져서 오는 머리도 있는데 섬뜩하기도 하다.

이렇게 온 머리를 물총을 이용해 소머리를 세척하는데 피부에 묻은 피를 어느 정도 제거하고 코와 입안으로 호스를 넣어 건초까지 모두 제거해야 한다. 정말 그 어느 파트보다 역겹고 불쾌하기까지 하다. 물로만 해서 잘 빠지지 않는 건초는 입안으로 손을 넣어서 하나하나 모두 제거해야 하는데, 장갑을 끼고 일하지만 항상 내 손은 피로 젖어 있다. 그 작업은 보통 하루 7시간씩 한다고 생각하면 된다. 아주 단순하지만 기분 나쁜 일이기도 하다.

원래 소고기 공장에는 여자들이 거의 없긴 한데, 소머리 파트는 5명 모두 남자들이 한다. 힘이 든다기보다는 불쾌해서 그런 걸까? 누구라도 이 일을 하고 싶지는 않겠지만 당장 생계를 유지하기조차 힘들고, 의무적으로 Deposit을 걸고 일하기 때문에 중도 포기한다면 위약금이 상당하다. 대부분의 워홀러들이 일자리를 구하기 쉽지 않고, 그나마 공장이 다른 일보다는 시급이 높기에 무턱대고 찾아오지만, 6개월을 채우고 나가는 사람은 전체의 10%도 채 되지 않는다.

지금 공장에 있는 두 달 동안 여러 명이 공장에 찾아와 일을 한다고 했지만 절반이 넘는 사람들이 일주일도 일하지 못하고 포기한다. 그만큼 일이 힘들고 전형적인 3D 직종이기에 한국으로 돌아가는 사람들이 많다. 솔직히 말해 당장이라도 지금 일을 그만두고 다른 일을 찾고 싶지만 지금이 호주의 겨울이라 농장 시즌도 아닐뿐더러, 시티잡은 최저임금을 받기도 어려운 형편이어서 일단은 여기 머무르고 있는 듯하다.

호주 사람들도 마찬가지여서 수시로 결근하고 3일도 일하지 못한 채 나가는 사람들이 수두룩하다. 그 자리를 대부분의 나 같은 외국인 노동자들이 대신하는데, 벗긴 소가죽에 굵은 소금을 뿌려 포장하는 일, 내장이 제거된 몸체를 보닝룸으로 옮기는 일, 정육점에서 일하듯 하루 종일 고기만 써는 오팔룸. 내가 하는 일이 이런 일들이다.

오팔룸은 그나마 냄새도 별로 안 나고 힘든 일도 없는데 거의 여자를 고용하는 것 같았다. 팩킹도 거의 여자들 담당인데, 어떻게 보면 여자들이 소고기 공장에 오는 것은 그나마 나은 편인 것 같다. 손에 직접 피를 묻히는 일도 없고 칼을 쓸 일도 없다. 무거운 것을 나르지도 않고 급여도 남자와 같다. 다 잘린 고기를 포장만 하는 일 역시 단순 노무직인데, 동일한 시급을 받으며 포장만 하는 일은 그다지 나빠 보이지는 않는다. 누군가 내게 소고기 공장에 대해 물어본다면 그다지 추천하고 싶지는 않다.

여기에서 일하다가 시티로 나가 오지잡 키친 핸드일을 하는 친구가 있는데 공장에서 일하는 것보다 비교도 할 수 없을 만큼 일이 쉽다고 한다. 급여는 물론 공장보다는 적지만 시티잡을 만족하는 만큼 개인 편차가 있을 것이다. 한국에서도 어학원이나 여행사에서 고기공장 일자리를 알선해 준다고 소개비를 받거나 마치 굉장히 좋을 것이 있을 것 마냥 광고를 하는데, 어느 공장이든지 다 마찬가지일 것이다. 원어민 수준의 영어가 되지 않고 이곳에서 대학을 졸업하지 않는 이상 단순한 일을 하는 것은 다를 바 없다. 다른 나라 워홀러도 사정은 같다. 끊임없는 반복. 이것이 육가공 공장의 현실이다.

누군가 내게 호주에 오기 전 이런 조언을 해주는 사람이 있었더라면 호주에 오는 것을 다시 한 번 생각해 볼 수도 있었을 텐데⋯⋯ 그 당시 누군가에게 조언을 구하지 않은 내 책임도 있다. 하지만 어쩌겠는가? 남들이 일주일도 못 되어 포기하고 간다고 해서, 이 먼 땅까지 와서 나도 그렇게 포기한 워홀러가 되고 싶지 않았기에 매주 들어오는 주급만 바라보며 그렇게 하루를 보내는 것 같다.

호주 워킹홀리데이

호주산 청정우?

# 2박 3일간의 휴가

지난달에 이어 또 공장이 잠시 문을 닫았다. 최근 주 3~4일 정도 밖에 일을 하지 않아 돈이 안 됐는데 이번엔 4일간 문을 닫는단다. 일거리가 얼마 없어서인 듯하다. 단순 반복된 삶에 지쳐 있었는데 잘된 것 같기도 하다.

하루 만에 같이 사는 동생과 여행을 가기로 맘먹고, 다음날인 토요일에 2박 3일 여행을 떠나기로 다짐! 내가 있는 Wonthaggi를 시작으로 옛 금광마을인 소버린 힐, 빅토리아주의 그랜드캐니언이라 불리는 Grampians, 그리고 돌아오는 길에 그레이드 오션로드를 들러 다시 원타기로 돌아오는 일정이다. 3일간 1,200㎞를 달려야 한다.

나는 개의치 않고 이 지겨운 삶에서 떠나기로 했다. 말 그대로 나는 워킹 홀리데이를 온 것이다. 단순히 이곳에 돈을 벌기 위해 온 외국인 노동자가 아니다. 평일에는 일을 하고, 주말에는 나의 발이 되어줄 차도 있으니 떠나기로 했다. 호주에 도착해서 정말 처음, 여행다운 여행을 해보자는 마음으로 떠난다!

토요일 아침 일찍 해가 뜨자마자 출발하기 시작해 쉼 없이 소버린 힐로 향했다. 소버린 힐은 멜번 여행사 상품에서도 빠지지 않는 유명한 여행지이다. 150년 전 골드러시 바람을 타고 세계 각국에서 이 지역으로 모여들었는데, 도착해 보니 주말이라 그런지 주차장에 차를 댈 곳이 없을 만큼 사람이 많았다. 입장료는 45$인데 나는 한국에서 미리 만들어 온 국제 학생증 덕분에 10% 할인된 가격으로 입장권을 구입할 수 있었다.

잠시 국제 학생증에 대해 말하자면, 여러 가지로 쓸모가 많다. 빅토리아주 보다는 New South Wales에서 쓸모가 더 많은 듯했다. 장거리 버스, 기차를 이용할 때도 이 학생증만 있으면 할인을 받을 수 있고, 유명 관광지 등도 할인 혜택이 많으니 꼭 만들어 가기로 하자.

소버린 힐 내부는 생각보다는 작았는데, 놀라울 만큼 그 시절 환경이 잘 보전되어 있었다. 그 당시 부착해 놓은 포스터들도 눈이 띄었고 작은 마을에 볼링장, 극장, 교회 등 있을 건 다 있는 듯했다. 매 시간 행사들이 진행되고 한국어로 된 가이드북도 제공이 되니, 꼭 챙기기로 한다. 이곳에서 가장 인기가 있는 곳은 사금 채취 현장인데, 이곳 직원들이 일부러 매일 조금씩 금가루를 뿌려놓는다고 한다. 하지만 생각보다 금 채취는 쉽지 않았다. 현지 직원이 하는 것을 지켜봤는데 몇 분 되지 않아 눈에 띌 만큼 금가루를 채취했다. 나름 요령이 있는 듯한데 역시 금을 채취하는 것은 어려운 듯했다.

이곳에는 그 시절 중국인 캠프도 있었는데, 과거에도 역시 차이나타운은 어디를 가도 있었나 보다. 유난히 중국인구가 많아서인지 따로 자신들만의 공간이 있을 만큼 세력이 컸고 중국어로 된 포스터도 가끔씩 보였다.

작은 캠프 안에 국제 학교도 있었는데, 모든 시설이 그럭저럭 만

들어져 있는 듯했다. 물론 규모는 무척 작았다. 바로 옆에는 금 박물관도 있었고, 이 지역을 소개하는 역사적인 문구도 가득 적혀 있었다. 시설에 비해서 입장료는 조금 비싼 듯했다. 가이드북 지도에는 무척 커 보였는데, 빨리 둘러보면 한 시간이면 대략 한 바퀴를 돌아볼 수 있을 만큼의 규모였다.

소버린 힐은 이번 여행 세 곳 중에서 잠시 들르는 코스에 불과했고, 가장 기대되는 여행지는 '그램피언즈'였다. 신문에서 보니 대자연의 그 모습 그대로를 간직한 국립공원이었다. 일본 애니메이션의 배경이 된 곳이라고도 했다. 서둘러 해가 지기 전에 그램피언즈로 발걸음을 돌렸다.

이날 하루만 500㎞는 운전을 한 듯했다. 같이 간 동생이 국제 면

멜번의 대부분의 여행사들이 Sovereign hill tour를 진행한다. 주말이면 인근 주차장이 마비될 정도로 개인 & 단체 관람객들이 많이 찾아온다. 멜번에서 대중교통을 이용하면 대략 1시간 30분 정도 소요된다.

허증을 발급받아 오지 않은 관계로 나 혼자 운전을 도맡아 하게 생겼다. 고속도로를 이용할 때는 평균 100㎞ 속력을 유지했는데, 땅이 넓고 앞에 가로 막히는 게 없는 도로인지 몰라도 모두 나를 재치고 운전을 하는 듯했다. 120㎞ 속도로 운행을 할 때도 대부분의 차들이 나를 앞질러 가는데 150㎞의 빠른 속도로 운전을 하는 듯했다. 대부분의 차들은 속도 따위는 지켜지지 않는 듯했고 100㎞ 이하의 속도로 운행한다면 욕을 먹을 것처럼 빨리 운전했다. 신경 쓰지 않고 100㎞를 유지하며 달렸는데, 가장 뒤쳐진다는 느낌을 받았다. 초행길이고 어떤 위험이 도사리고 있을지 몰라서 일정한 속도를 유지했다.

해가 지기 전에 그램피언즈에 도착! 미리 점찍어 놓은 백팩커를 그다지 어렵지 않게 찾았고 바로 숙소를 2박 예약했다. 도착하자 해가 지기 시작했는데 잠시 동네도 구경할 겸 마트를 다녀왔다. 10분 정도만 걸으면 마트가 있었는데 인도에 캥거루와 사람이 같이 걸어 다닌다. 많이 당황스러웠다.

호주에 캥거루가 무척 많다지만 이곳은 지역 주민수보다 캥거루가 더 많았던 것 같다. 실제로 호주인구는 2,000만 명이 조금 넘지만, 캥거루는 5,000만 마리 가까이 추산된다고 한다. 도심을 조금만 벗어나면 캥거루 보기는 아주 쉽다. 걸어서 10분 사이에 사슴도 보이고 30㎝크기의 가시 두더지도 보였다. 마을 자체가 야생 동물원인 듯했다. 그램피언즈에 온 것이 이제야 실감났다.

## 그램피언즈, 빅토리아의 그랜드캐니언

9월 8일

구체적인 계획을 세우고 오지 않아 그램피언즈에 대해 아는 것이 없었다. 어디를 가야 할지, 어디에 무슨 볼거리가 있는지 알 수 없었다. 백패커에 있는 소책자를 보긴 했지만 지도만 보고 찾아가기엔 역부족이었다. 결국 인포메이션 센터를 가기로 정하고 집을 나섰는데 아직 문을 열지 않았다. 하는 수 없이 그곳에서 유명하다던 맥켄지 폭포 표지판을 보고 이동을 하기로 했다.

처음엔 산을 오르기로 해서 차는 놓아두고 가려고 했는데, 이곳역시 마찬가지로 차가 없으면 이동이 거의 불가능해 보였다. 백패커에서 폭포까지 왕복 32㎞. 걸어서 왕복 8시간 거리이기 때문에 차량으로 이동할 수밖에 없었다. 한 가지 생각이 든 사실은 역시 호주는 땅이 워낙 넓어서 그런지 차량은 사람의 발과 같다는 점이다. 발 없이 이동이 불가능하듯, 어디를 가더라도 차는 필수다.

편도 16㎞인데 산길이라 그런지 결코 가까워 보이지는 않았다. 한참을 차로 달리다 보니 맥켄지 폭포 이정표가 나왔다. 그램피언즈에는 많은 폭포가 있는데 오직 맥켄지만이 지도에 표시가 되어 있다. 다른 폭포들도 물론 차량 이동시 이정표로 작게나마 나와 있었지만, 규모가 작았기 때문에 그다지 볼 필요성을 느끼지 못했다.

맥켄지 폭포에 도착! 아침 일찍이라 그런지 사람이 아무도 없었다. 산에 매점이 딱 한 곳 있는데 그 매점이 이곳에 위치해 있는 것으로 봐선 역시 이곳이 그램피언즈의 핵심인 듯했다. 차에 내려서도 폭포를 가기 위해선 2㎞정도 걸어야 했다. 가는 길목에 전망대도 있고 아침 일찍 사슴도 보였다. 생각만큼이나 폭포는 그렇게 규모가 큰 편은 아니었던 것 같다. 그래도 이 정도 규모는 호주에서는 꽤 큰 폭포라고 한다. 폭포를 보고 다시 차로 이동하는데 그제야 몇몇 관광객들이 보이기 시작했다.

우리는 하루 만에 그램피언즈를 다 봐야 했기에 서둘러 이동을 시작했다. 산 정상까지 올라가서 전망대에서 바라본 그램피언즈는 말 그대로 장관이었다. 끝없이 넓은 산맥들과 구름에 둘러싸인 그램피언즈가 신성하게 보이기까지 했다. 운 좋게도 가장 먼저 본 전망대에서 우리는 신문에서 본 그곳을 바로 찾을 수 있었다. 살면서 많은 산을 둘러보지는 못했지만 내 생의 29년 동안 가장 멋진 자연풍경이었다. 국립공원으로 지정돼 있고 안전을 위한 장치도 허술했지만 말로는 모든 것을 표현하지 못했다. 그저 한동안 바라보고 감탄사만 연발하고 사진을 찍기에 바빴다.

근처에 여러 전망대가 위치해 있는데 대부분 차량으로 이동이 가능했다. 외국인 관광객들도 많이 와서 오히려 호주 사람보다는 아시아계의 사람들을 산에서 더 많이 본 것 같다. 모든 전망대가 차량으로 이동하기는 불가능했는데, 어느 정도 위치에 주차를 하고 걸어서 이동을 해야 했던 경우도 많았다. 산세가 그리 험하지는 않았는데

Grampians: Pinnacle Lookout

하루 종일 운전하고 걸어 다니는데 10㎞는 더 산길을 탔던 것 같다.

어떻게 이 대자연을 글로 표현할 수 있단 말인가! 인간이 만든 그 어떤 것보다도 더 위대해 보였다. 겨울임에도 불구하고 날씨가 그리 춥지 않아서 수풀이 울창하고 산 정상에서 보는 산허리는 마치 솜사탕처럼 푹신할 것 같다는 생각도 들었다. 꽃피는 봄이나 가을에 오면 형형색색 물들 산림을 생각하니 더 아름다울 것 같았다. 산위에는 인공 댐과 그램피언즈 시내가 한눈에 들어왔다. 그 이후로 여러 전망대를 둘러봤지만 역시 처음만한 곳은 없었던 것 같다. 각각의 전망대에서 본 풍경은 모두가 달랐다. 같은 곳을 바라보는데도 분명 다른 느낌이라고나 할까.

역시 산이니 만큼 도보로 이동할 수 있게 길을 어느 정도 만들어 놨는데, 해가 질 무렵이면 산을 내려가야 했기에 딱 한 곳 '피나클'이라는 곳을 선택해 도보로 이동했다. 이곳도 소책자에서 본 곳인데 왕복 5㎞를 걸어야 했다. 마치 엽서에나 나올 듯한 풍경. 내가 이곳에 와 있다는 것을 자랑스럽게 여기지 않을 수 없었다. 먼 거리를 달려와 잠시나마 피비린내 나는 공장을 벗어나 자연이 주는 상쾌한 공기를 마시며 모든 것을 잊을 수 있었다. 이제야 호주에 온 보람을 느낄 수 있었다. 일할 때는 무척이나 지루하고 재미없는 일상이지만 역시 여행은 여행인가 보다. 내 생의 잊을 수 없는 경험이 될 듯싶다.

이곳도 마찬가지로 멜번에서 하루 투어가 진행되긴 하지만 추천하고 싶지는 않다. 일단 거리가 너무 멀어서 이동하는데 상당 시간

호주산 청정우?

이 소요되고, 짧은 시간에 모든 것을 보기에 무척 아쉬움이 많이 남을 듯하다. 조금은 천천히 서두르지 않고 자연을 만끽했으면 한다. 내 경우에도 12시간 동안 그램피언즈를 둘러보긴 했지만 해가 지기 전에 하산해야 했기에 서두른 감이 없지는 않다. 하지만 웬만큼 둘러볼 수 있는 곳은 다 둘러봤기에 후회는 남지 않았다. 다만 대자연을 두고 떠나기에는 아쉬움이 남았다.

문득 이곳에 일자리가 있으면 여기서 일하면서 당분간 이곳에서 지내고 싶다는 생각도 들었지만 동네가 워낙 작고 몇 가구 살지도 않은 곳에서 일자리가 있을 리는 만무했다. 아쉬움을 달래고 산을 내려오려고 했는데 발길이 떨어지지 않았다. 그램피언즈에서 가장 높은 기지국이 있는 곳까지 걸어가 산을 내려다보면서 한참을 그곳에서 서성거린 듯하다. 굉장히 멋지고 경이로운 풍경 앞에 선 인간은 한없이 작아져만 갔다.

해가 지기 시작해 산을 내려오는 길에 바로 앞에 캥거루가 나타나 사고의 위험도 있었지만 속도를 줄여 충돌은 막을 수 있었다. 호주의 야생동물의 95%가 야행성이라고 한다. 밤에는 특히나 운전을 조심해야 한다. 아침에 운전을 하다 보면 전날 로드 킬을 당한 캥거루가 많이 보이는데 위험천만하다. 언제 갑자기 캥거루가 튀어 나올지 모르므로 언제나 방어운전! 그렇게 둘째 날의 밤도 깊어져 갔다.

# 아쉬움만 남은 그레이드 오션로드

이날도 역시 아침 해가 뜨자마자 일어나 간단한 식사 후 나갈 준비를 했다. 눈 뜨자마다 방에서 보이는 것은 역시나 캥거루. 기상 후 바로 창문을 바라보는데 캥거루가 내가 있던 방을 바라보고 있다. 이제 캥거루를 보는 것도 어색하지 않다. 주머니에 새끼 캥거루를 안고 뛰는 것은 마냥 사랑스럽기만 하다.

어제의 아쉬움을 달래고자 그레이드 오션로드로 향하기 전에 마지막으로 그램피언즈를 다시 한 번 보고자 전망대에 올랐다. 처음만큼의 감흥은 없었지만 다시 봐도 여전히 아름다웠다. 이제 발길을 그레이드 오션로드로 돌려야 한다. 거리는 대략 280㎞. 그레이드 오션로드의 관문인 Torquay로 단 한 번의 주유 후 쉼 없이 달렸다.

정오가 되기 전 Torquay에 도착해서 가장 먼저 들른 곳은 Information Centre. 역시나 내비게이션 하나만 찍고 이곳까지 달려왔기에 그레이드 오션로드에 대해서 정보가 전무했다. 우리가 가고 싶은 곳은 그레이드 오션로드의 대표적인 볼거리인 12사도. 인포메이션 센터에서 12사도까지의 거리는 180㎞. 거리가 너무 멀었다. 이미 쉼 없이 280㎞를 달리고 역 방향으로 180㎞를 또 달려야 하는데 거리가 만만치 않았다. 처음부터 너무 무대책으로 온 것이 실수였다. 조금이라도 그레이드 오션로드에 대해서 공부하고 왔다면 처음부터 12사도로 달리는 건데 아무것도 모르고 온 것이 실수였다. 그레이드 오션로드에만 가면 바로 12사도가 눈앞에 나타날 줄 알았는데 호주를 너무 우습게 본걸까.

그레이드 오션로드는 어느 한 지명이라기보다는 무려 500㎞가까이 펼쳐져 있는 해안도로를 의미했다. 지도를 보고 한참을 망설였다. 역으로 180㎞를 달리면 오늘 중에 원타기까지 하루 동안 900㎞를 운전해야 하는데 너무 무리한 게 아닌가 했다.

그래도 갈 때까지 가보기로 맘먹고 지도를 보면서 곳곳에 관광지를 들르며 가기 시작했는데, 이렇게 가다 보니 해가 지기 전까지 12사도까지 도착할 수 있을지도 의문이었고 오래된 차를 가지고 900㎞를 운행한다는 것 자체가 불안해 보이기도 했다. 이러다가 차가 중간에 퍼지기라도 하면 정말 답이 안 나오는 상황이 발생할 수 있었다. 결국 발길을 돌리기로 했다. 며칠 동안 혼자 운전도 너무 많이 한데다가 오랜만에 산을 타서 다리가 욱신거리기까지 했다. 동생

Echidna(가시두더지)
알을 낳는 포유류. 호주 동전에도
Echidna 가 그려져 있다.

과 상의한 결과, 가는 길목에 12사도가 있는 게 아니라 집과는 정반대 방향에 있어서 우리는 어쩔 수 없이 차를 돌렸다. 그레이드 오션 로드까지 와서 핵심의 12사도 상을 못 본다는 게 무척이나 아쉬웠지만 최선의 선택인 것 같았다.

아쉬움을 달래고자 멜번 시내에 들려서 간단히 식사 후 원타기로 향했다. 이미 멜번에 도착했을 때는 해가 지기 시작해서 원타기까지는 날이 무척 어두워진 상태였다. 멜번에서 원타기까지만 해도 140㎞나 떨어져 있다. 결코 가까운 거리가 아니다. 서울에서 대전으로 가는 거리가 150㎞인데, 그만큼 떨어져 있다고 생각하면 되겠다.

호주는 시티를 조금만 벗어나면 바로 외곽인데 문제는 외곽에는 가로등이 없다. 다른 차가 바로 앞을 지나가지 않는 이상 상향등을 켜지 않으면 운전하기가 힘들다. 오후 7시밖에 되지 않았는데 가로등이 없으니 밤에는 운전이 무척 불안하다. 한국 같았으면 오후 7시만 되어도 환한데 말이다. 또 어디선가 야생 동물이 튀어나올지 모르므로 속도를 줄여야 한다. 가급적이면 밤에는 운전을 하지 않으려고 한다. 왠지 불안하기도 하고 로드 킬 당한 캥거루를 많이 봐서 그런지 그다지 야간주행은 하고 싶지가 않았다. 하지만 내일 출근을 해야 하기에 운전을 하지 않을 수는 없었다. 결국 오늘 하루만 또 600㎞정도 운전을 했다. 한국에서라면 생각지도 못한 거리인데 여기서도 물론 힘들긴 하지만 가능하긴 한가 보다.

결국 밤이 늦어서야 원타기에 도착할 수 있었다. 계기판을 보니

1,200㎞에 약간 못 미치는 수치였다. 3일 동안 1,200㎞를 운전하는 동안 아무런 사고도 없었고, 차를 시험해 본 좋은 계기도 됐던 것 같다. 물론 마지막에 들른 그레이드 오션로드에는 많은 아쉬움이 남지만, 그래도 만족할 만한 여행이었던 것 같다.

3일간 1인당 여행비를 계산해 본다면 가장 많이 소모된 비용은 역시나 기름값이다. 배기량이 1,800㏄이니, 쉽게 계산해 100ℓ정도 소모된 것 같다. 휘발유가 150$, 소버린 힐 입장료 41$, 숙박비 2박 54$, 식비 40$. 총 300$도 안 들었다. 거기다가 기름값은 어느 정도 공유를 했기에 나는 200$정도에 3일 여행을 마친 셈이다. 최대한 아껴 쓴다고 했는데, 이 정도면 만족스러운 금액이다. 멜번에서 그레이드 오션로드와 그램피언즈를 묶어서 판매하는 상품이 있는데 식비를 제외하고 1인당 360$ 정도가 든다고 하니, 차를 구입해서 여행을 다니는 편이 훨씬 저렴한 것이다.

차를 산 지 얼마 안 됐지만 역시나 차를 사길 잘한 것 같다. 이동 거리가 넓어지니 그만큼 볼 수 있는 것이 늘어나고, 주말에 방콕하지 않고 동료들과 여행을 다니다 보면 기름값도 아낄 수 있기에 초기 차량 구입비용이 부담이 되지만 후회하진 않을 것 같다. 거기다가 출퇴근 시 픽업비도 받으니 후회 없는 선택이다.

12사도! 아쉬움이 많이 남지만 빅토리아주에 있는 동안은 또 가볼 기회가 분명 있을 것. 그래도 그레이드 오션로드를 전혀 둘러보지 못한 것은 아니기에 개의치 않으려다. 이번 여행은 100점 만점에 95점!

호주산 청정우?

# 호주 본토의 최남단, Cape Promontory National Park

이제는 내 호주 워킹홀리데이 생활에서 여행이 거의 생활화 되었나 보다. 주말이면 동료들과 여행을 다니기 바쁠 정도다.

빅토리아주는 호주에서도 남단에 위치해 있다. 그중에서도 호주의 최남단이라고 할 수 있는 Cape Promontory National Park에 다녀왔다. 한국과 비교하자면 해남 땅 끝 마을 정도라 할 수 있겠다. 내가 있는 곳에서 약 100㎞ 정도 떨어진 거리에 위치한 곳인데, 집 부근 인포메이션 센터에서 정보를 얻은 후 떠났다. 꽤나 유명한 곳이어서 150㎞ 거리 밖에서도 이정표가 있을 정도다.

흔히 호주인 들은 이곳을 'Prom'이라고 부른다. '타운'이라고 부를 만한 곳도 없고 사람이 거의 살지 않는 곳 같았다. 국립공원 입구에 주유소가 하나 있을 뿐 수십㎞를 이동해도 보이는 것은 드넓은 초원뿐. 딱히 뭐라고 설명하기 힘든 특징이 없는 곳인 것 같았다. 배를 타고 이동하는 크루즈 상품이 있었는데 가격이 200$ 가까이 해서 이번 건은 패스! 운이 좋으면 고래도 볼 수 있다고 하던데, 하루에 내가 벌어들이는 수입보다 더 많은 지출은 삼가기로 했다.

사실 Prom에 대해 아는 것은 별로 없이 지도 한 장만 들고 왔지만 우리가 이곳에 도착하고 나서 실수한 것이 있다. 바로, 차로 이동이 한정되어 있는 지역이었다. 이곳은 입구까지는 차로 이동이 가능하지만,

어느 정도 이상을 들어가면 차는 주차한 후 모든 것을 짊어지고 캠핑을 해야 한다는 것이었다. 아무것도 모른 채 무작정 차만 갖고 이곳저곳 둘러보고 등산도 하려고 했지만, 나의 예상은 멋지게 빗나갔다.

거리도 만만치 않았다. 가장 짧은 코스가 왕복 5㎞ 정도. 결국 가장 짧은 코스를 타고 전망대에 올랐지만 이것도 산길이라 쉽지는 않았다. 더 이동을 할까 생각했지만 우리의 상식을 초월한 Prom의 크기에 압도당해 더 이상 갈 수가 없었다. 결국 우리는 국립공원 중턱까지만 이동 후 땅 끝까지 이동하는 것은 포기하기로 했다. 사실 차를 두고 걸어서 땅 끝까지 갔다 오려면 거리가 30㎞는 넘어 보였다. 아무리 찻길을 찾으려고 해도 길은 없고, 지도를 자세히 보니 차도가 없는 것이 확실해 보였다. 한국 스타일로 생각해서 그런지 실수였나 보다. 결국 수박 겉핥기식으로 Prom을 둘러본 후 귀가할 수밖에.

명성에 걸맞지 않게 주말임에도 불구하고 사람도 그다지 많지 않았다. 2년 전에 홍수와 산불이 겹치면서 회복이 불가능할 정도로 불에 그슬린 나무들이 많았고 아직도 도로가 통제된 곳도 많았다. 엎친 데 덮친 격으로 하산 후 비까지 내려 달리 방법이 없어 보였다. 정보가 부족한 탓이었다. 이제 바다를 봐도 그 바다가 그 바다 같고 크게 달라 보이는 것도 없어 보이는 게 벌써부터 조금은 바다가 식상해져 보이기까지 했다. 다른 것을 찾아야 할 때가 온 것 같은데 웬만큼 빅토리아주도 유명한 곳은 돌아 본 듯한 느낌이었다. 실패라고 할 수는 없겠지만 뭔가 패턴에 변화가 필요한 시기다.

# 호주에서 돈 벌기

9월 22일

도살장 생활에 웬만큼 익숙해져 가고 피눈물을 흘리는 소머리를 봐도 시큰둥하다. 보이는 것에는 아무런 감정이 없어지고, 가끔씩 올라오는 역겨운 냄새만이 나를 괴롭힐 뿐이다. 이제는 날씨가 조금씩 더워져 가는데 공장 안에 벌레들도 생기기 시작했다. 구더기까지는 아니더라도 날파리들이 날아오는데 아직까지는 그 수가 많지 않아 참을 만하다. 한여름이 되면 공장 안팎에 수백 마리의 벌레들이 벽에 붙어서 떨어지지 않는다고 한다. 환기를 시키려 문을 열면 유입되는 벌레가 감당이 안 돼 내장에서 올라오는 열기와 그 메탄가스 냄새. 그리고 문을 닫아 놓고 일을 하기에 답답한 작업환경. 모두가 숨이 막혀 온다.

그래도 나는 일을 해야 한다. 시급으로 치자면 한국보다 호주가 당연히 높긴 한데, 근무여건과 작업환경 등 모든 조건을 비교해 보자면, 한국에서 일할 때가 좋았다. 또 공장이 언제 문을 닫을지 알 수가 없어 수입이 들쑥날쑥 하다는 것도 문제다. 결국 이곳에서 큰 돈은 벌 수가 없다. 애초부터 워홀에서 돈을 벌어간다는 생각 자체가 글렀다고 보면 된다.

가끔씩 누군가가 2년간 호주에서 일하면서 1억 원을 벌었다는 소문을 들을 수 있다. 결론부터 말하자면, 사실이고 맘만 먹으면 나도 할 수 있는 일이다. 실제로 내 룸메이트는 주당 1,000$ 이상을 벌어들인다. 물론 그만큼 벌기 위해서는 추가적으로 노동력이 제공되어야 한다. 그 친구는 하루에 일을 12시간 이상 하는데, 나는 그렇게 일하고 돈을 벌고 싶지는 않았다. 돈도 돈이지만, 이곳에 온 목적이 돈이 아니기 때문이다. 물론 지금 내가 한국을 간다고 해도 아마 2년간 1억 원은 벌 수 없을 것이다. 법적으로 워홀러는 한 직장에서 6개월 이상 일을 할 수 없지만, 어디나 편법은 존재한다. 호주에 오자마자 공장에 취업해서 그 공장에서만 2년 동안 하루 12시간 이상 일한다면, 2년간 1억 이상을 벌 수 있다. 여기서 얼마를 벌었냐보다 얼마를 통장에 저축을 하느냐가 더 중요할 것이다.

시티에 가면 카지노가 있는데, 이곳에서 한방에 천만 원도 잃을 수 있다. 많은 수가 카지노에 빠지지 않겠지만 종종 번 돈을 모두 탕진했다는 얘기도 들려온다. 나는 도박에 관심이 없어서 그런 곳에 가본 적이 없는데, 호주에서 번 돈을 다 잃고 다른 나라로 이동해 돈을 빌려서 또 도박을 했다는 얘기도 있다. 그 친구는 운이 좋게도 타국에서 호주에서 잃은 돈은 다시 회복했다고 한다. 자기가 하기 나름인 것 같다. 보통내기가 아니지만 워홀로 있는 동안 1억 원을 벌어들이는 사람은 정말 독한 사람이다. 아마 전제 워홀러 중에서 상위 0.1% 안에 들지 않을까 생각이 된다. 단순 노동으로 주 1,000$ 이상을 벌어들인다는 것은 정말 어렵다. 호주인들에게도 주 1,000$는 작은 돈이 아니다. 하지만 우리 같은 외국인 노동자들이 어느 정도 불합리한 대우를 감수하면서 매일 12시간씩을 일한다는 건 나로선 납득하기 힘든 일이다. 단순히 돈이 목적이라면 호주에 오는 것을 반대한다. 보통 사람이라면 여기서 주 1,000$을 벌어들이는 것은 매우 힘들다는 것을 알아야 한다.

많은 수의 워홀러들이 자기가 한국에서 가져온 만큼의 돈은 가져간다고 한다. 쉽게 말해 저축을 거의 하지 못하고 한국으로 돌아간다는 것이다. 그 정도 생활비와 어느 정도의 여비는 예상을 해야 하기 때문이다. 자신이 한국에서 가져온 돈보다 적자를 내서 돌아가는 사람도 물론 많다. 일이 고되고 단순 반복이기에 대부분의 젊은이들은 일하기를 꺼려하고 영어가 안 되면 한국인 밑에서 돈을 떼먹히면서 일을 할 수밖에 없기 때문에 불합리한 것이다. 신중하게 생각해야 한다. 호주에 오는 목적이 과연 돈 때문인가 하는 것을 말이다.

## Phillip Island package

오랜만에 다시 필립 섬을 찾았다. 그나마 집에서 가장 가깝고 유명한 관광지이기에 시간만 나면 얼마든지 이동할 수 있는 곳이기 때문에 부담이 없었다. 필립 섬은 관광지답게 이곳저곳 꾸며 놓은 곳이 많다.

우선 가장 유명한 것은 세계에서 가장 작은 펭귄 퍼레이드. 대부분의 사람들이 이 행렬을 보려고 필립 섬을 찾는다고 해도 과언이 아니다. 나는 펭귄 퍼레이드와 더불어 필립 섬을 조금 더 자세히 보고픈 욕심에 다른 것을 알아보다가 패키지 상품이 있다는 것을 찾았다. 가장 싼 패키지가 40$부터 시작해 펭귄을 볼 수 있는 패키지가 포함된 것은 가장 비싼 100$을 조금 넘었다. 조금 부담이 되긴 했지만 하루 정도는 이렇게 돈을 쓰는 것도 나쁘지 않았다.

100$ 패키지에 포함된 것은 바다표범을 볼 수 있는 Wildlife cruse 와 펭귄 퍼레이드. 그리고 선택2를 포함하는데, 나는 동물원과 실내 낚시터를 선택했다. 참고로 크루즈와 펭귄만 합쳐도 각각 표를 끊으면 90$이 넘어간다. 그러니 패키지 상품이 확실히 비싼 편은 아니다. 패키지 상품권은 역시 인포메이션 센터에 등록을 하면 된다. 표를 구입 후 도장을 받는 형식인데 유효기간은 구입 후 1년이다. 하지만 나는 인포메이션 센터가 문을 여는 9시에 달려가서 바로 티켓

필립 섬에서 크루즈를 타고 한 시간 정도 나가면 수만 마리의 바다사자 서식처를 볼 수 있다.

을 구매 후 계획을 짜기 시작했다. 크루즈와 펭귄은 시간이 지정되어 있기에 그 외의 시간을 피해 동물원과 낚시터를 이용해야만 했었다. 하루 만에 모두 해치우기로 했다.

처음으로 동물원을 다녀온 후 점심을 먹고 크루즈를 2시간 이용한다. 그리고 펭귄을 보기 전까지 잠시 시간을 이용하여 낚시를 즐긴 후 펭귄을 보러 가면 어느 정도 시간이 맞을 것 같았다. 4개가 모두 필립 섬 안에 있는 것이 아니고 거리가 어느 정도 떨어져 있기에, 이 역시 차량이 없이는 패키지 상품 이용이 불가능하다. 역시 호주는 차가 없이는 생활 자체가 불가능하다.

동물원은 호주에서 두 번째로 방문하는 건데 규모가 상당히 작아 실망했다. 또 동물원이 필립 섬 밖에 위치해 있어 이동 시간이 꽤 소요됐다. 개별 이용하려면 입장료만 20$이 조금 넘는데 이마저도 비싸다는 생각이 들었다. 그나마 볼만한 건 야생에서 보기 힘든 공작인데 규모가 원채 작고 우리에 가둬 사육하는 식이기에 한국과 동물의 종만 조금 다르지 별반 차이가 없어 1~2시간 만에 금방 나왔다.

다음은 시간이 조금 남아 크루즈를 타기 위해 점심을 간단히 먹고, 2시에 배가 출발하기에 부근 해변에서 잠시 대기했다. 특별히 할 일도 없거니와 주변에 나처럼 배를 기다리는 사람이 가득해 주말 사람 구경하기에 바빴다. 크루즈를 이용해 약 1시간을 달려야 바다표범을 볼 수 있는데 그 수가 어마어마하다. 광고지에 나와 있기로는 최소 5,000마리 이상이라고 한다. 정말 그 정도는 되어 보이는 듯했다. 바다표범을 실제로 본적도 처음인 것 같은데, 이렇게 거대한 서식지가 그리 멀지 않은 곳에 위치해 있다는 게 놀라웠다.

실제로 필립 섬 본토에서도 500미터 정도밖에 거리가 되어 보이지 않았다. 망원경만 있으면 섬 안에서도 바다표범 서식지를 볼 수 있을 것 같았다. 물론 배에서 내릴 수는 없지만 배가 다가가자 거대한 무리들이 바위에서 뛰어내려 마치 우리를 반겨주기라도 하듯 배 주위를 둘러싸 수영을 하고 심지어 배영을 하는 바다표범도 있었다. 언제부터 그곳에서 바다표범이 서식했는지는 알 수 없지만 상당히 오래 되어 보이는 듯했다.

마냥 신기하고 카메라를 들이대기에 바빴다. 또 언제 이런 광경을 볼 수 있겠는가. 이 역시 한국에서도 불가능한 일이기에 이런 이유로 호주에 내가 온 듯하다. 비록 일적인 면에서 지금 도살장이 맘에 드는 것은 아니지만 최소한의 생활비와 여비는 충당이 가능하고 또 언제 내가 이런 일을 하겠는가. 여행도 마찬가지이다. 지금이 아니면 이렇게 많은 바다표범을 볼 수 있을까. 이 맛에 호주에 지금 내가 있는 것 같다.

크루즈를 끝내고 낚시를 하러 갔는데 시간이 조금 늦은 감이 없지 않았다. 낚시터에 도착하니 4시 30분. 5시에 문을 닫는단다. 그래도 이왕 온 거 30분만 시간을 내 낚시를 즐기기로 했다. 너무 쉽게 고기가 올라왔다. 30분 동안 친구와 꽤 많은 물고기를 잡았는데 총 7마리를 잡았다. 그런데 집에 가려고 하니 7마리를 반드시 사가

96
호주 워킹홀리데이

야 한다고 한다. 그 가격이 무려 92$. 충격이었다. 자세히 보니 1kg당 19$라고 표시돼 있는 것을 보지 못하고 급한 마음에 서둘러 마구 잡은 것이 화근이었다. 어이가 없었지만 결국 돈을 지불하고 생선을 사올 수밖에 없었다.

덕분에 오늘은 생선 파티다. 사실은 속이 쓰리다. 30분 놀고 10만 원이 넘는 돈을 썼으니. 긍정적으로 생각하면 괜찮다. 덕분에 우리 집 식구들이 생선을 마음껏 먹을 수 있지 않은가. 긍정적으로 생각하기. 하지만 속이 쓰린 건 어쩔 수 없나 보다.

모든 걸 잊고 펭귄을 보러 이동했다. 낚시터에서 펭귄 퍼레이드 위치까지는 필립 섬 끝에서 끝이다. 하지만 섬 자체가 그다지 넓은 편이 아니기에 20㎞정도면 이동이 가능했다. 매일 펭귄이 귀가하는 시간이 달라지는데 해가 지는 시간에 따라 펭귄이 퇴근하는 시간이 달라진다. 원래는 6시 30분 정도면 펭귄이 나타나는데, 오늘은 7시가 넘어서 펭귄이 나타났다.

펭귄을 보러 가는데 사람이 정말 많았다. 호주에 와서 한번에 이렇게 많은 군중이 모인 것은 처음이었다. 시드니 시내에서도 이렇게까지 많지는 않았던 것 같은데 정말 펭귄이 이곳에서 유명하긴 한가 보다. 관광버스도 많았고 나름 일찍 왔다고 생각했는데 주차 공간을 찾기가 힘들 정도였다. 펭귄이 나타날 때 즈음에는 주체 측에서 마련해준 자리보다 사람이 더 많아 앉지 못한 사람이 수두룩했다.

7시가 넘자 하루 일과를 마친 펭귄들이 집으로 돌아오기 시작했다. 여기서 뭉치면 살고 흩어지면 죽는다는 말이 나왔다는 듯이 평균 10마리 이상이 뭉쳐 다니기 시작했다. 갈매기를 피해 이동하는데 갈매기가 펭귄을 해치는 것 같지는 않았지만 갈매기가 다가오면 펭귄은 다시 물속으로 도망가기 바빴다. 짧은 다리로 이동하는 게 애처로워 보이기까지 했다. 펭귄의 크기가 정말 작긴 작았는데 30㎝가 채 안 되어 보였다.

이곳은 그다지 추운지역도 아닌데 펭귄 서식지가 있다는 것도 흥미로웠다. 10마리 정도가 모이면 이동하고, 또 다른 쪽에서 10마리 정도가 모이면 함께 이동하고, 그렇게 100여 마리의 펭귄을 본 것 같다. 펭귄 퍼레이드에선 절대 사진을 찍으면 안 되는데 가끔 플래시를 켜는 몰지각한 사람도 보였다. 펭귄이 플래시를 맞으면 시력을 잃을 수도 있다고 한다. 처음엔 펭귄이 바닷가 근처에 둥지를 틀고 사는 줄 알았는데 그게 아닌가 보다. 바닷가에서도 한참을 올라와 사람이 이동하는 동선까지도 이동한다. 심지어 차량이 주차되어 있는 곳까지도 이동하는데 도대체 어디까지 이동하는지 알 수가 없다. 그 짧은 다리로 사람의 시선을 맞으면서 이동한다는 게 펭귄 입장에서 불쌍해 보이기까지 했다. 단순히 호주 정부가 펭귄을 가지고 이용해 먹는다는 느낌을 지울 수가 없었는데, 입장료를 펭귄을 돕는 곳에 쓴다기에 그나마 위안이 됐다.

어떻게 보면 단순하기 짝이 없다. 단지 먹이사냥을 마치고 돌아오는 펭귄을 보는 것이 전부라고 할 수도 있겠다. 어떻게 이곳에서 펭귄이 이렇게 유명해졌는지 알 수 없지만 수많은 펭귄들의 서식지. 그리고 세계에서 가장 작은 펭귄. 이 두 가지 테마가 사람들을 이곳까지 움직이기에 충분했나 보다. 무척 귀여워 보이는 펭귄이고, 동선을 같이 움직이기에 가까이서 보는 것도 가능하고, 맘만 먹으면 손을 뻗어 만질 수도 있을 것도 같았다.

이렇게 오늘 하루가 간 것 같다. 패키지 상품을 이용하고 하루에 대략 180㎞를 이동하고 펭귄이 퇴근하는 것을 보고 나도 집에 갈 채비를 끝냈다. 언제나 그렇지만 돈 벌기는 무척 힘들지만 반대로 돈을 쓰는 것은 재미나다. 재미있게 일하면서 돈을 벌면 더할 나위 없이 좋겠지만 아직은 때가 아닌가 보다. 6개월의 노예계약이 끝나면 또 어떤 일이 나를 기다리고 있을지 모르겠지만 살생은 더 이상 하지 않겠다. 나름 효율적으로 시간을 보낸 필립 섬에서의 하루였다.

## 소의 눈물, 도살장 생활의 끝

내가 담당하고 있는 소머리를 세척하는 장소에서 얼마 떨어지지 않은 곳에서 도살을 진행한다. 지난번에도 잠시 기계가 고장 난 틈을 이용하여 몇 번 가본 적은 있지만 오늘은 소가 도살을 기다리는 긴 터널의 끝까지 가보았다.

역시나 우리 안에는 수백 마리의 소들이 죽음을 기다리며 한 데 뭉쳐 있다. 예전에 한국에서 소들도 자신의 죽음이 가까이 오면 안다고 하던데 정말인가 보다. 긴 터널의 끝에 죽음이 놓여져 있다는 것을 미리 알고 있다는 듯이 소들은 한 발자국도 움직이려 하지 않았다. 아예 도살장에는 소를 모는 사람이 따로 있다. 기다란 막대기 형태의 전자 충격기를 가지고 다니면서 소를 도살하는 곳 바로 앞까지 이동시키는 사람이다.

죽음의 시간을 기다리는 어둠의 터널 안에서 얼마나 두려웠을까. 총으로 소머리를 쏘는 곳에서는 머리를 내밀지 않고 뒤로 빼는 소도 있는가 하면, 눈물을 흘리는 소도 있다. 판단이 서지 않았다. 내가 더 이상 이곳에서 무엇을 할 수 있을까. 약육강식의 세계라고 하지만 엄청난 양의 수질과 대기를 오염시키면서까지 고기를 먹어야 한다는 것이 이해되지 않았다. 나는 한국에 있을 때도 소고기는 거의 먹지 않았었다. 물론 한국에서는 육우 가격이 비싸서 그런 이유가 주었지만 이제는 상황이 다르다. 채식 주의자로의 삶을 살아가겠다는 것은 아니지만 이건 아니라고 생각됐다.

호주에서 큰돈을 벌 수 있다는 생각은 처음부터 물 건너갔고 목적의식조차 잃어버린 나로서 더 이상 의미 없는 하루를 보내고 싶지 않았다. 그만두고 싶었지만 6개월 의무 조건이 마음에 걸리고 쉬는 날이 일하는 날부터 더 많았던 덕분에 통장에 잔고도 여유가 없었지만 확신이 섰다. 떠난다. 아무런 미련 없이 이곳을 떠난다. 생각해 보면 3개월간 일하면서 얻은 것은 중고차 한대뿐. 오히려 한국에서 일했더라면 훨씬 더 좋은 조건에 차곡차곡 급여를 모으면서 이곳보다는 좋았겠지. 후회가 들었지만 이대로 실패한 워홀이 되고 싶지 않아 도살장에서 손을 떼기로 결정한 것이다.

나는 Deposit을 내지 않고 떠나야겠다는 생각이 들었다. 가장 좋은 방법은 '야반도주'인데 적절하지가 않았다. 실제로 많은 이들이 Deposit을 감당하지 못해 야반도주를 하는데 며칠간의 급여를 받지 않은 채 떠나는 것이다. 그래도 그게 600$을 내고 나가는 것보다는 이익이기에 그렇게 한다. 하지만 나 같은 경우는 차도 있고 두려울 것도 하나도 없었지만, 내가 받을 급여가 600$ 이상이었기에 그렇게 하지는 않았다.

나름 생각한 방법은 일하면서 불만을 갖고 있던 것을 이용하는 방법이었다. 나뿐만이 아니라 한국인 에이전시 밑에서 일하는 사람 대부분은 일한 만큼 급여를 받지 못한 경우가 대부분이다. 시간만

103

큼 급여를 주지 않거나 돈을 떼먹는 수법이다. 특히 일이 끝나고 호주인 슈퍼바이저가 청소를 하고 가라고 명령을 하는데 이것이 항상 맘에 걸렸다.

청소를 하는 시간은 20분 정도인데, 그 20분은 급여에 포함되지 않았다. 이 일로 여러 번 얘기했지만 막무가내였다. 청소를 하든지, 하기 싫으면 일을 그만두든지 결정하라는 것이었다. 나는 여러 번 청소를 하지 않고 내 일만 끝나면 집으로 가곤 했다. 나중에 하도 협박을 해서 5분 정도 하는 척만 하고 퇴근했는데 샤워실까지 따라와서 샤워하는 도중 나와서 청소를 하란다. 그저 어이가 없을 따름이다. 물론 나는 간단히 이 말을 무시하고 샤워 후 집으로 곧장 가버렸다.

청소도 불합리한 점이 무척 많았는데 다른 사람은 청소를 하지 않았는데 내가 있는 구역은 호주인들은 청소를 하지 않고 아시아인 몇 명만을 모아 놓고 청소를 시켰다. 인종차별이라는 생각이 들어 여러 번 항의했지만, 그 사람과 나는 노동의 직급이 다르다는 말과 무조건 청소를 하고 가라는 압박만이 있을 뿐이었다. 불쾌하기 짝이 없었다. 그렇다고 공장 청소를 하는 사람이 없는 것도 아니고 도살이 끝나면 3시 정도에 급여를 받고 따로 청소를 하는 사람들이 있지만 그들은 유급, 나는 무급으로 청소했다. 한국이었으면 말도 안되는 일이지만 힘없는 외국인 노동자의 한계였다.

대부분의 아시아인들은 그마저 자신의 일자리가 박탈당할까 봐

군소리 없이 청소를 했지만 나는 그렇게 하지 못했다. 떠날 각오는 이미 했겠다, 아무런 미련도 두려울 것도 아쉬움이 없는지라 잘리기를 바라면서 나도 급여에 해당하지 않는 일은 하지 않았다.

그러던 며칠 후 내가 담당하는 일이 다 끝났는데 호주인 슈퍼바이저가 나만 따로 불러 우족 포장하는 일을 하라고 한다. 최소한 한 시간은 더 노동을 해야 할 것 같았다. 물론 이것은 무급이다. 일을 거부했다. 하기 싫다고 분명 말을 했지만 막무가내였다. 내 사정 따위는 관심 없고 무조건 명령만이 있을 뿐이다. 나도 그 사람 말을 무시하고 유난히 오늘따라 몸에 피가 많이 묻어 샤워실로 가서 샤워를 하던 중 그 사람이 샤워실까지 따라오더니 "Don't come back tomorrow"라고 말해버리고 나간다.

드디어 끝이다. 내 바람대로 이 피비린내 나는 도살장에서 해고된 것이다. 하늘을 날아갈 것 같았다. 호주인이 직접 나를 해고했으니 Deposit 600$을 내지 않고 나갈 수 있었다. 정말 행복한 순간이었다. 잘린 것에 행복하다는 표현이 이상해 보일 수도 있지만, 끝없는 쾌락을 느낀 기분이었다.

코를 찌르는 메탄가스 냄새, 나를 보며 피눈물을 흘리던 소, 불합리한 대우. 이제는 끝이다. 떠나는 것이었다. 다시 농장으로!

# 03

# 애들레이드 딸기농장

당연하다고 생각하지는 않았지만 농장에서 일하면서
딸기를 몇 개 먹는 것 정도는 괜찮을 줄 알았다.
그게 화근이었나 보다. 일한 지 이틀 만에 관리자로부터 해고 통지를 받았다.
일하면서 딸기를 너무 많이 먹는다고.
해명해 보려 했지만 이미 늦었고, 그저 주는 월급 챙겨들고...

# 딸기농장 애들레이드 힐

10월 20일

멜번시티에서 3일을 머무르면서 일자리를 알아보았다. 너무 대책 없이 일찍 나왔나 생각도 해봤지만 후회하지는 않았다. 일자리를 알아보려고 했는데 시기가 좋지 않았다. 시티잡은 하지 않고 몇몇 공장이 눈에 보였지만 시급이 터무니없이 낮았다.

그나마 멜번에서 가까운 대도시인 애들레이드로 발걸음을 옮기기로 했다. 이 도시 이름은 영국의 왕 윌리엄 4세의 왕비인 애들레이드 여왕의 이름을 따서 명명되었으며, 1840년 호주 최초의 지방자치 정부로 인가받았다고 한다. 멜번에서 애들레이드까지는 약 750㎞. 서울시청에서 부산시청까지 편도 이동거리가 대략 40㎞인 점을 감안하면, 하루에 서울-부산을 왕복하는 여정이라 생각하면 되겠다.

오일쉐어를 할 생각으로 애들레이드에서 멜번까지 함께 농장을 찾으며 이동할 친구를 구했지만 당일 오전 출발부터 마찰이 생겼다. 무책임하게도 출발하는 당일 아침에 못가겠다는 연락을 받았다. 결국 혼자서 750㎞ 거리를 이동하게 생겼다. 오전 9시에 출발해 오후 6시 정도에 도착한 것 같다.

도착 후 백패커에 묵으면서 일자리 정보를 더 알아보기로 했다. 물론 멜번에서도 일자리를 알아봤지만 농장 시즌 시기가 조금 안 맞아 바로 백팩커로 온 것이다. 백패커에 며칠 묵으면서 농장 정보를 알아봤지만 한인잡과 오지잡의 시급차가 없었다. 오지잡 슈퍼바이저에게 연락을 해서 급여와 근무 시간을 알아본 결과 14$ Cash Job이었다. 오지잡이라고 해서 당연히 한인보다 급여가 더 높을 줄 알았는데 착각이었나 보다.

한인 슈퍼바이저에게 연락을 해봤는데 처음엔 사람을 다 뽑았다고 하더니, 내가 차를 가지고 있다고 하니 일을 시켜 줄 테니 언제든지 환영이란다. 참 재미있는 일이다. 그것도 딸기 픽킹이 아닌 팩킹을 시켜주겠다고 한다. 참고로 팩킹이 픽킹보다 작업하기 더 쉽고, 대부분 경력자를 채용한다. 차가 있다는 이유만으로 우대를 받은 것이다.

이왕이면 다홍치마라고 한인에게 찾아갔다. 그런데 내가 도착하자 그 한국인은 내게 거짓말을 하기 시작했다. 자기네들이 구하는 것은 팩킹이 아닌 픽킹이며, 팩킹은 아예 없다는 것이다. 내가 항의하니 그 다음이 더 가관이다. 팩킹을 하든지 그게 싫으면 나가든지 결정하라는 것이다. 2nd 비자 발급이 가능한 Tax job은 가능하냐고 물어봤더니, 가능하지만 Tax에서 10%를 자신들이 떼어낸 후에 급여를 지급하겠다는 조건이었다. 한마디로 말해 내가 항상 듣던 한국 악덕업주였다. 불법 투성이에다가 시즌 초반에는 2일 근무 후 1일 쉬는 형식으로 당분간 일을 한다는 것이었다. 당연히 일을 해도 돈이 될 리가 없었고 방값을 제외하고 나면 현상 유지 수준의 일자리였다. 가장 불쾌했던 건 전형적인 한국인의 말 바꾸기 수법이었다. 일단 사람을 모집한 후 싫으면 나가라는 식이었다.

대부분의 사람들이 차가 없기에 한 번 이동하면 다음번에 또 이동하기가 상당히 부담스러워진다. 하지만 나는 차가 있었기에 아무런 부담 없이 떠날 수 있다. 물론 속은 나도 그까지의 이동거리와 시간을 생각하면 손해가 분명하지만, 일을 시작하기도 전부터 믿음을 져버린 사람과 함께 일을 한다는 것은 불가능해 보였다. 결국 이건 아니라는 생각에 바로 그곳을 나왔다. 다행히 애들레이드 시티에서 멀지 않은 곳에 있어서 시간은 줄일 수 있었다.

이미 그 집에는 나 말고도 여러 명에게 거짓을 말한 것 같아 보였다. 20대 중후반의 한 신혼부부가 그곳에 워홀을 왔는데, 2인 1실을 조건으로 그곳에서 일하기로 전화 통화를 하고 온 것 같은데 막상 도착하니 5인실 방을 배정해 준 것 같았다. 당연히 불만이 있을 수밖에. 겉과 속이 다른, 시작과 끝이 다른 사람과는 말을 할 필요도 없다. 불행히도 그 신혼부부는 차가 없어서 이동이 불편했기에 어떻게 했을지 모르겠다.

숙소에서 나올 때 나와 같은 불만을 갖고 있는 친구가 있었는데, 내가 먼저 같이 나가자고 제안했다. 차가 없어 이동이 불편했던 그 친구는 나와 함께 그곳에서 나와 오지잡을 컨택하기로 하고 그곳에서 나왔다. 대전이 고향인 26세 친구. 당장 그 집에서 나와 한국인이 운영하는 임시숙소에서 당분간 지내기로 했다. 교회에서 운영하는 Church stay였는데 방값이 다른 곳에 비해 저렴하고 밥이 제공

애들레이드 딸기농장

돼 무척이나 만족스러운 숙소였다. 또 이렇게 대기하는 시간을 보낼 수는 없었다. 바로 일을 시작해야만 했었지만 호주의 특성상 어느 한곳을 옮기면 반드시 며칠간은 대기시간이 있다.

개인 컨택을 해놨던 오지잡을 찾아 연락을 했다. 3일 후에 우리는 딸기 픽킹을 시작할 수 있었다. Nairne라는 지역이었는데 특이하게 이곳은 픽커의 80% 이상이 캄보디아인이었다. 그 외의 중국, 대만, 영국인이 몇 명 보였지만 90% 이상은 아시아인이었다. 우리가 개인 컨택한 슈퍼바이저도 인도네시아 사람이었다.

크게 중요하진 않았지만 호주 도착 후 5개월 만에 처음이었다. 5년 전에 캄보디아와 주변 국가를 배낭여행 삼아 간 적이 있는데 그 당시에 꼬마 애들이 외국인만 보면 "1달러! 1달러!"라고 소리치던 기억이 생생하다. 호주에서 1시간만 일하면 캄보디아에서 하루 일한 것보다 더 많은 급여를 받으니 그 사람들에게는 호주에서 일하는 것이 상당한 돈이 될 것 같았다. 특이하게 농장주 아래 농장을 관리하는 사람도 캄보디아인이었는데, 결국 나는 나에게 "1달러!"라고 말하는 그 캄보디아인 감독을 받으며 일하게 된 것이다.

참 아이러니 한 일이다. 우리나라와 경제적으로 비교조차 할 수 없는 나라 사람 밑에서 일을 하고 있다. 호주에서는 모든 것이 영점에서 시작되는 것 같았다.

# 3일 만에 잘리다

10월 24일

　호주의 과일 가격은 우리나라와 크게 차이가 나지 않는다. 현재 한국보다 조금 더 비싼 수준. 하지만 항상 가난한 워홀생활을 했던 나는 딸기 피킹을 하면서 꼭지가 빠진 불량 딸기를 몇 개 먹었다. 몰랐는데 외관 불량 제품은 따로 보관해 잼으로 만든다고 한다.

　당연하다고 생각하지는 않았지만 농장에서 일하면서 딸기를 몇 개 먹는 것 정도는 괜찮을 줄 알았다. 씻지 않고 먹는다는 게 맘에 걸리긴 했지만 이때가 아니면 언제 딸기를 이렇게 먹을 수 있겠냐는 생각으로 조금 과하게 먹은 것 같다.

　그게 화근이었나 보다. 일한 지 3일 만에 관리자로부터 해고 통지를 받았다. 일하면서 딸기를 너무 많이 먹는단다. 해명해 보려 했

Trolley(트롤리)라고 불리는 세발자전거. 천장이 있어 비 오는 날에도 일하는데 지장이 없다.

지만 이미 잘리고 나서 무슨 말을 하겠는가. 인심 참 야박하다. 하루에 딸기를 3톤씩 뽑아대면서 일하면서 딸기 좀 먹었다고 해고라니……. 물론 내 잘못도 있었겠지만, Tax job이었으면 이렇게 쉽게 잘리지는 않았을 것 같다. 언제부턴가 호주에서 Tax job으로 일하기가 힘들어졌다. 사업주가 세금을 부담하기 싫으니 어쩔 수 없다. 졸지에 또 백수 신세가 돼 버렸다. 애들레이드에 온 지 얼마 되지는 않았지만 제대로 된 일이 없어졌다.

다행히도 3일 후 다른 딸기농장으로 이동해 역시 일자리를 구할 수 있었지만 마음이 편치 않았다. 또 잘릴까 봐 조마조마. 정말 이 제는 한국인의 근성을 보여주겠다는 심정으로 무척이나 열심히 일 했다. 이번에 내가 농장에서 맡은 일은 '팩킹 보이'이다. 픽킹이 끝 난 딸기를 팩킹 룸으로 가져와서 팩킹하는 사람들을 보조하는 역할 이다. 무거운 짐을 나르기도 하고 냉장실에서 딸기를 꺼내 이동하는 등 그곳에서 일어나는 잡다한 일을 하는 사람이라 생각하면 되겠다.

팩커의 90% 이상은 여성이다. 가만히 앉아서 딸기를 기계식으로 포장하는 일인데, 반복된 지루한 일이지만 무척 편한 일이다. 나머지 10%는 밖에 나가서 일하기 힘들 정도로 나이가 많은 남자들이다. 이곳에서의 팩킹 보조일은 크게 힘든 일은 없었다. 20kg 이상의 중량물을 이동하는 일도 없었고, 딸기 덕분에 항상 창고에 에어컨을 틀어 놓기에 시원하다 못해 춥기까지 했다. 밖에서 팩킹하는 일은 날씨의 영향을 많이 받지만 이곳 실내에서 하는 일이 날씨는 그다지 영향이 없는 듯 했다. 어떻게 보면 운이 좋게 이곳으로 들어오게 된 것 같다.

딸기농장의 70% 정도는 픽킹으로 빠진다. 특히 남자의 경우는 90% 이상이 픽커이다. 모든 의사소통을 영어로 해야 하는 게 조금 부담이 되긴 했는데, 원어민과 소통할 일은 별로 없어 그럭저럭 말길은 알아들었다. 어차피 아시아인들끼리 얘기하는데 오지가 아닌 이상 얼마나 영어를 잘 구사할 수 있겠는가.

일하지 얼마 되지 않아 역시 금방 적응했고, 슈퍼바이저가 나를 보는 눈빛이 썩 맘에 들지는 않았지만 며칠 일을 하니 최소한 잘리지는 않을 것 같았다. 이렇게 또 한 번의 농장일이 시작됐다.

# 쉐어 하우스로 이사

며칠 출퇴근을 해보니 또 한 번 이동을 해야겠다는 생각이 들었다. 출퇴근 거리가 120㎞에 육박했다. 도로에서 낭비하는 시간이 너무 많고 기름값이 부담되기 시작했다. 참고로 지금 호주의 휘발유 가격은 한국에 비해 약 15% 정도 저렴하다. 한 달이면 3,000㎞를 출퇴근 하는데 너무 거리가 먼 것 같았다.

최대한 농장 근처로 가까운 곳으로 이사를 가려고 했으나 농장 주변은 거의 아웃백 수준이다. 근처의 작은 타운이 있긴 하지만 규모가 너무 작아 쉐어 하우스를 구하기 적당하지 않았다. 결국 시티에서 남쪽에 있는, 그나마 농장에서 멀지 않은 방향으로 집을 구하기로 결정했다. 임시숙소에 머무르면서 이제 갓 호주 워홀에 합류한 친구가 있었는데 그 친구도 나와 함께 동행하기로 했다.

생각해 보면 나는 정말 호주 초기에 고생을 많이 했었다. 누가 나에게 먼저 일자리를 알아봐 준 사람도 없었고, 내게 먼저 다가와 손을 내밀어준 사람 또한 없었다. 그런데 어느 정도 호주에 적응이 되었고, 차도 있고 오지잡을 구할 수 있는 능력도 생기다 보니 누군가를 도와주고 싶다는 생각이 많이 들었다. 호주에 온 지 일주일도 안 됐는데 뭐가 좋고 나쁜지 구별조차 하기 힘들 것이다.

누군가 내게 초반에 정착하는데 도움을 준 사람이 있다면 많이 고마울 텐데, 나는 그런 경험이 없다. 집, 일자리, 자동차 구입. 대부분을 인터넷으로 알아봐 구한 것이 전부다. 처음 호주에 오고 나서 제대로 된 일자리를 구한 것은 한 달이 넘어서였고, 그나마도 한국인 밑에서 어느 정도 돈을 떼먹히면서 부당한 외국인 노동자 대우를 받으면서 일한 것이 태반이다. 그렇지 않다면 사기성 짙은 한인 컨트렉터를 만나든지 말이다.

나와 동행한 친구는 호주에 온 지 보름 만에 자신이 호주에 가지고 온 돈보다 더 많은 돈을 벌었다. 내가 그 친구에게 받은 것은 농장 출퇴근 시 오일쉐어비의 명목으로 받은 소량의 돈이 전부. 특히 초반에는 믿을 만한 사람을 만나 함께 호주 생활을 만들어 가는 것이 정말 중요한 듯하다. 꼭 나 같은 사람이 아니라도 말이다.

결국 세 명이 방을 알아봐야 했는데, 한 집에 남자 세 명이 들어
갈 방을 구하는 것은 무리였고, 결국 방 두 개를 구해야 하는데
렌트를 할까 생각도 했지만 자금 부족으로 실패했다. 그 후 조금
더 알아본 결과 괜찮은 조건으로 구할 수 있었다. 세 명이서 주당
250$. 크게 부담 가는 돈이 아니었기에 그 집으로 결정하기로 했다.
나 같은 경우 독방을 90$에 썼는데, 90$ 정도는 하루만 일해도 충
분히 벌 수 있는 금액이었다. 그 전에 임시 숙소에 있을 때는 한 방
에 세 명이서 각각 90$을 지불했는데 지금은 독방에 90$이니 상당
히 괜찮은 조건이다.

내가 구한 집은 한인이 렌트를 해서 사는 집이었는데 기러기 가족
인 듯싶었다. 모녀가 둘이서 방이 네 개 있는 집에 살고 있는데, 모
녀가 방 한 칸을 쓰고 나머지는 쉐어를 주고 있었다. 아마도 처음부
터 쉐어 하우스를 생각하고 방 네 개 있는 집을 렌트한 것처럼 보였
다. 방 세 칸의 쉐어비만 받아도 렌트비 정도는 나올 법한 집이었다.

집 주인과 생활을 같이해야 하기에 불편한 점이 없지는 않다. 한
국이라면 생각지도 못할 텐데 이곳은 호주이기에 어느 정도 참고 살
아야 한다. 특히 전기세에 민감했는데, 방에서 1분만 나와도 스위치
를 내리고 나오라는 등 밥솥은 밥을 하고 항상 전원 코드를 뽑아버렸
다. 결국 바로 밥을 하지 않은 상태에서는 항상 찬밥만 먹어야 했다.
'2주에 한번씩 500$을 내는데 이렇게 이 집에 계속 있어야 하나?'라
는 생각도 들었지만, 세입자의 설움이야 어쩌겠는가. 항의를 했다가

는 쫓겨날 것 같고, 얼마나 오래 머무를지도 모르는데 또 집을 옮기는 게 싫어서 입 다물고 최대한 집주와 마찰을 피하는 수밖에.

괜히 한인집을 찾았나 생각도 들었지만, 이런 경우가 아니면 또 언제 남과 함께 한 집에서 살아 보겠나 싶어서 그러려니 하고 둥글게 마음먹는 게 여러모로 편하긴 하다. 그래도 호주에 온 지 거의 5개월 만에 독방을 쓴다는 게 좋았다. 출국하기 전까지 독방을 쓸 일이 없을 거라 생각했다. 방값이 너무 비싸고 그럴 바엔 룸메이트를 구해서 방값을 쉐어하는 게 나을 것이라 생각했었다. 하지만 방 하나를 둘이서 쓴다고 하면 절반으로 방값이 줄어드는 것도 아니기에 꼭 그 방법이 좋은 것만도 아닌 것 같다.

어느 정도 농장까지의 출퇴근 거리가 줄긴 했지만 그다지 그렇게 많이 줄지는 않았다. 하루 이동거리가 25㎞ 정도는 줄어든 것 같다. 농장에 사람들 대부분이 나와 비슷한 지점에서 출 퇴근을 하는 것 같았다. 길목이 하나밖에 없어서 그런지 약속이나 한 듯 도로에서 같은 차를 매일 마주보곤 했다.

아침 5시 30분에 집에서 나오는데 가끔씩 캥거루를 만나면 사고 위험 때문에 불안하기도 했었지만, 가끔씩 귀여운 녀석들을 보곤 하면 웃음이 나오기도 했다. 일주일에 두어 번씩 로드 킬 당한 야생동물이 너무 많아 항상 운전을 조심해야 한다. 가로등도 없는 도로에 상향등을 켜도 바로 앞에 캥거루가 나오면 정말 답이 안 나온다.

# 농장 친구들

11월 15일

여느 농장과 마찬가지로 일이 쉽지만은 않다. 원래 농사라는 게 고되지 않은가. 그래서 그런지 사람들도 수시로 바뀐다. 하루 이틀 하고 안 나오는 사람도 부지기수. 출근하자마자 일 언제 끝나는지 물어보는 사람도 있었는데, 특히 나이가 어린 학생들이 더 많이 그런 것 같다. 아직까지는 이곳에서 한국인을 보지 못했다. 한인 중 차를 소유한 사람이 많지 않고, 영어 사이트에서 영어로 일자리를 구하기가 부담스러워서 그런 것 같다.

농장에서 나를 좋게 봤는지 팩킹 룸에서 일한 여자 두 명을 구할 수 있겠느냐 물어왔다. 찾아본다고 하고 애들레이드 한인 커뮤니티에 글을 올렸다. 여자 두 명은 맞는데 한인은 아니고 인니 여자였다. 남편은 한인. 여자는 인도네시아 사람. 남편이 내가 올린 글을 보고 연락해 자신의 부인과 그 친구를 소개시켜 준 것이다. 다음 주부터 일을 하기로 하고 출근을 했는데 열흘도 하지 못하고 그만두었다. 처음에는 주말에는 쉬어야 한다고 안 나오고, 또 며칠 지나니 바쁘다고 안 나오고. 이해할 수 없었다. 인니와 호주는 거리상으로는 가깝지만 경제규모는 20~30배 차이가 난다. 하루에 한 시간만 일해도 그 나라사람 입장에서는 큰돈일 텐데 일을 하지 않았다. 입장을 바꿔 한국보다 임금을 10배 이상 준다고 하면 지구 어디든지

달려가 일을 할 용의가 있는 나와는 비교가 됐다.

결국 그 여자 두 명이 일을 그만두고 바로 다음날 정말 한국인 여자를 데려갔지만 농장 측에서는 나를 안 좋게 봤는지 내가 데려온 한인 여성을 이틀 만에 잘라버렸다. 순간 나만 바보가 된 듯한 느낌이었다. 기껏 소개해 줬더니 금방 그만두고, 한국인은 바로 해고되고……. 중간에서 나만 곤란한 입장이 돼 버렸다. 크게 신경 쓰지 않고 계속 일하기로 했다. 나간 사람은 나간 거고 누가 뭐래도 내가 행동을 똑바로 하면 나를 쉽게 자르지는 않을 것이라 생각됐다.

호주에는 특히 업주가 자기 맘에 안 들면 바로 사람을 해고하는 것 같다. 외국인 노동자라서 그런 걸까. 어차피 일한 근거가 전혀 없으니 해고해도 그만이다. 뭐라 하소연할 수가 없는 것이다. 정상적인 경로를 통해 입사한 호주인의 경우에는 그렇게 하지는 못할 것이다. 어쩌겠는가. 한국에서 일하는 동남아 외국인 노동자들도. 그리고 이곳에서 현재 일하는 나 같은 경우에도. 차이는 있겠지만 입장은 같다. 한국에서 외국인 노동자들과 일한 적은 없지만 그들도 뉴스 보도를 보면 역시 부당한 대우를 받고 있는 것 같다. 뭐라 말할 수 없이 창피하지만 현실이 그렇다는 얘기다. 먼 곳까지 와서 돈을 벌면서 마음까지 타락하는 모습을 보면 안타까운 마음이 들기도 했지만, 어쩐지 동지가 된 것 같은 오묘한 기분이 들기도 했다.

내가 일하고 있는 농장은 South Australia State, Kuitpo Forest 부근이다. 숲 속에 평지를 만들어 딸기농장을 만든 것이다. 나와 같은 팩킹 룸에는 이태리 남자 한 명, 아일랜드 여자 두 명, 그 외에는 모두 아시아 사람이다. 아일랜드 여자 두 명은 2nd visa를 취득하기 위해 농장에 왔는데, 급여가 형편없고 비자만 취득하면 바로 나갈 분위기다. 이태리 남자 이름은 Yuri Arduin. 밀라노 출신인데, 이곳 농장에서 일한지가 벌써 6개월이 넘었다고 한다. 현재 나와 같은 워홀 비자로 왔는데 고국으로 돌아가기를 거부하고 있다. 무슨 사연인지 자세한 이유는 묻지 않았지만 영주권을 목적으로 호주에 있는 것 같았다. 그 외에는 인도네시아, 캄보디아, 중국, 대만인이 있었다.

고정적으로 출근하는 사람도 있었지만, 하루 걸러 출근을 안 한 사람도 태반이다. 오늘 온 사람이 내일 또 출근한다는 보장이 없다. 이름을 외울 만하면 안 나오는 사람이 워낙 많으니 사실상 친구를 만들기도 힘들다. 또 대부분의 사람들이 나보다 나이가 10살 이상 많다 보니 가까이 다가가기도 어렵다.

이태리 친구 Yuri는 나와 나이가 같고 밝은 성격의 소유자였다. 일도 무척이나 열심히 하고(농장에서 뛰어다니면서 일하는 사람은 이 친구 밖에 없다) 하루도 빠짐없이 출근하는 친구다. 일을 잘해서 그런지 퇴근할 때도 혼자 남아 급여를 더 받으며 마무리도 이 친구가 도맡아서 한다. 가끔 엉뚱한 장난으로 워커들을 재밌게 해주기도 하고, 사람 사귀는 방법을 아는지 수시로 내게 한국어를 알려달라고 한다. 잦은 이동으로 사람 사귀기가 쉽지 않은데 Yuri만큼은 가끔 밖에서 만나 술도 마시고 함께 어울릴 수 있는 그런 친구였다.

애들레이드 딸기농장

# 호주의 인종차별

요즘 들어 보도에서 호주 인종차별 뉴스가 자주 뜨는 것 같다. 아무 이유 없이 다가와 핸드폰을 빌려 달라 하고, 빌려주지 않으면 폭력을 행사한다는 뉴스를 본적이 있다.

내가 애들레이드 오기 전 멜번에서 있었던 일이다. 나도 비슷한 경험이 있는데, 장을 보러 자전거를 타고 슈퍼마켓에 가는 길이었다. 슈퍼 앞에 자전거를 거치하고 있는데 10대로 보이는 소년 네 명이 와서 자전거를 한번 타볼 수 있겠냐고 물어보는 것이다. 행동거지를 보아 하니 불량 학생인 듯 보였다. 나는 "Sorry"라고 답을 하고 슈퍼 안으로 들어가려 하는데 욕을 하는 소리가 들렸다. 한참이나 어려보이는 학생들이 그런 행동을 한다는 것이 이해되지 않고 그들의 나라에서 문제를 일으키면 내가 당할 것 같아서 무시하고 지나쳤지만 불쾌하기 짝이 없었다.

또 한 번은 애들레이드에서 있었던 일인데, 길을 걸어가고 있는데 차를 타고 지나가는 남자들이 "Fuck Chinese"라고 말하는 게 들렸다. 그 주변에 동양인은 나밖에 없었으니 나에게 그랬을 것이다. 나에게 그렇지 않더라도 아무 이유 없이 이런 욕을 하고 지나가는 일은 호주에서 다반사다.

예전 멜번 근교 도살장에서 근무할 때 조금 일 처리가 늦은 아시아인이 있었다. 바로 내 옆에서 일하고 있었는데, 수시로 호주인 들이 그들에게 다가와 소리를 지르거나 뒷담화를 하는 일이 많았다. 만일 그 사람이 Aussie나 백인이었으면 그렇지는 않았을 것 같다.

그 외에도 퀸즐랜드에서는 한인 여성이 길에서 폭행을 당하는 등 유사사건은 수없이 많이 있다. 최근 이슈화된 것은 손가락이 잘린 한인사건인데 꼭 한인이 아니더라도 인도인에 대한 차별이 특히 심하고, 중국, 한국 등 유색인종에 대한 차별이 끊임없이 제기되어 왔다. 과거 'White Australian Policy'를 내세웠던 호주 입장에서는 인종차별이 아닌 10대 범죄라곤 하지만 나 또한 도살장에서 겪었던 일에 대해선 무척이나 유감이다.

한국에서는 외국인 노동자를 대하면 상대를 하기보다는 오히려 자국민이 피하기 바쁜데, 이곳에서는 그 반대인 것 같다. 오지들이 아무래도 유럽의 근거를 두고 있기에 덩치가 웬만한 아시아인들보다 크고 힘이 세기 때문일까. 인건비가 상대적으로 싼 중국인들이 대거 호주로 입국해 자국민의 일자리를 빼앗았다고 하는데, 전혀 틀린 말은 아니지만 사실 중국인들이 호주에서 하는 일들이 3D 업종이 많기에 그 말이 꼭 들어맞지도 않는다.

눈에 보이지 않는, 가끔은 대놓고 욕을 해대는 몇몇 호주인들. 그리고 그들 정부의 미온적인 태도. 장기적으로 이런 요소들이 점점 그들 스스로를 폐쇄적인 나라로 만들 것이다.

# 딸기농장 수입

사실 내가 농장에서 일하는 건 크게 돈벌이가 되지 않는다. 공장에서 찍어내는 상품이 아닌, 자연을 머금고 자라는 과실이기에 수확물이 없으면 일이 없을 수도 있다. 때로는 주 7일 일할 수도 있다. 한마디로 확실한 돈벌이가 되기 힘들다는 것이다.

어느 날은 출근을 했는데 5시간 만에 퇴근을 하란다. 원래 호주인들이 일을 많이 하지는 않지만 그날은 유독 딸기가 없었나 보다. 또 그 다음날은 딸기가 많아 9시간 일을 할 수도 있는 것이다. 한마디로 자연의 흐름에 따라 보수가 결정된다. 아직 날이 그렇게 많이 덥지 않아 딸기가 자라는 속도가 그다지 빠르진 않다. 현재까지 평균적으로 계산 했을 때 주당 40~45시간을 일하는 것 같다. 참고로 호주의 공장들은 이것보다 일을 더 하지 않는다.

정규직의 경우 주 35~38 시간 일하는 것 같은데, 농장은 호주인이 직접적으로 일을 하진 않는다. 픽커나 팩커가 100% 외국인 노동자들로 구성되어 있으니 말이다. 농장주와 그 가족들이 가끔 얼굴을 보이긴 하는데 관리 감독하는 입장이지 우리와는 차원이 다르다.

대부분의 농장들이 Cash Job으로 일하고 호주인의 연금 따위는 기대할 수 없다. 법적으로 9%의 연금을 지급해야 하지만 대부분 지켜지지 않는다. 주말에도 거의 일을 한다고 보는데, 추가노동에 대한 수당은 기대할 수 없다. 평일과 급여가 똑같이 지급된다는 뜻이다. 사실 급여 면에서는 크게 메리트가 없다고 볼 수 있다. 시급이 높은 것도 아니고, 복지혜택은 전무하다. 지금 당장 일자리를 구해야 하고 다른 곳으로 이동하기까지만 하는 일이라고 할 수도 있을 것. 그래서 사람들이 자주 바뀌는지는 모르겠다.

픽커들도 팩커들과 같은 급여를 받는데 팩킹하는 양이 Top 10 안에 들면 10~50\$ 추가적인 급여가 나간다. 하지만 내가 피킹을 하지 않기에 나와는 무관하다. 그리고 보통 1~2등하는 농신을 보면 한 곳에서 1년 이상 일을 했던 경험자라고 할 수 있겠다. 의욕만 앞서서 농신이 되겠다는 마음은 의지와는 다르게 갈 확률이 높다. 처음 픽킹을 하면 거의 바닥 수준이기에 중간만 해도 잘하는 것이다.

이 농장에서 나는 주당 600\$ 정도의 수입을 올렸던 것 같다. 한국에서 내가 받았던 급여보다 조금 많은 수준이지만 만족할 만큼은 아니다. 오히려 저축하는 금액은 한국보다 적다. 주 600\$ 아마도 워홀 평균 수입보다는 조금 많을 것 같다. 낮은 시급으로 이만큼을 만들기도 쉽지 않다.

가끔 주 1,000\$ 올리는 사람이 분명히 있긴 하다. 개인적인 생각인데 하루 10시간씩 주7일 일하면 그 정도 수입이 나올 것 같다. 언제까지 딸기만을 바라보고 있을지 알 수 없지만 끈기가 없으면 한곳에서 오래 일하기 힘들다.

나 같은 경우만 해도 반복된 똑같은 기계적인 일은 오래 못 버티는 편인데, 이곳에서는 삶의 낙을 찾기가 힘들다. 분명 긍정적인 생각을 가지면 무슨 일이야 못 하겠냐만 한곳에 묶여 있기만은 아까운 청춘 아닌가. 사실 대부분의 사람들이 그렇다. 조금만 더 좋은 조건이 생기면 바로 이동을 시작한다.

그럭저럭 고만 고만한 돈을 받으면서 조금 더 재미있게 일하고 싶은 건 당연하다.

# 컨트렉터의 수입

대부분의 워홀러들은 농장이나 공장을 가면 컨트렉터를 통해서 들어가게 된다. 가끔 개인 컨택으로 농장에 들어가는 사람도 있지만 극히 드물다. 개인 컨택도 사실은 알고 보면 컨트렉터를 통해 들어가는 경우가 대부분이다.

현재 딸기 농장을 현지 로컬 사이트인 검트리에서 보고 들어간 나 역시 한국인만 아닐 뿐이지 컨트렉터 밑에서 일하는 워커이다. 이곳 농장은 워커들이 100명 정도가 일하는데 중개업자를 통하지 않고서는 일을 할 수가 없는 곳이다. 한마디로 개인 컨택이 안 된다는 뜻이다.

중개인이 이곳은 5~6명 정도가 있었는데 이곳 시스템은 이렇다. 농장주 한 명이 우선 중개인을 고용한다. 그리고 그 중개인들이 자신들의 영업으로 워커들을 모집한다. 나는 현재 이곳에서 시급14$ 받고 일하는데, 농장주는 중개인에게 16$을 지급한다. 결국 중개인이 한명을 고용하면 시급 2$을 남기는 셈이다. 하루 8시간을 일하면 16$을 중개인은 일을 하지 않고서도 벌어간다. 보통 한 컨트렉터가 20~30명을 데리고 있는데 하루 8시간 주 5일, 일주일 단위로 계산을 하면 16×20×5=1600$. 일하지 않고 사람만 소개시켜도 이 정도의 수입을 올린다. 더군다나 대부분의 워커들이 차가 없으니 픽업비 명목, 그리고 가끔 쉐어 하우스를 구해주기도 하는데 이 정도면 수익이 기하급수적으로 올라간다고 보면 되겠다. 최소한 워커들에 비해 3배 이상의 수입을 올린다. 자기 사업이기에 어느 정도의 영업 능력도 필요하고, 사람들을 구하고 관리해야 하기에 영어는 필수다.

나도 어느 정도 일하면서 자신감도 붙었고 나라고 컨트렉터의 일을 못할 것 같지는 않았다. 사업을 잘만 하면 주당 3,000$ 이상의 소득을 올릴 수 있을 것 같았다. 농장주에게 찾아가 일반 워커가 아닌 컨트렉터가 되고 싶다고 말했다. 농장주는 그동안 나를 잘 봐줬는지 흔쾌히 승낙했다. 단, 한 가지 조건을 걸었다. 다음 시즌부터! 참고로 다음 시즌은 내년 11월이다. 허탈했지만 웃으면서 "ok"하고 나왔다. 거의 불가능해 보일 것만 같았다. 확실하지도 않고 이곳에서 1년을 나 혼자 버틸 수 있을지도 의문이었다.

컨트렉터의 공통점을 자세히 살펴보면, 호주 생활을 몇 년 동안 해본 사람이 많은 것 같았다. 5년간 이곳에서 일한 캄보디아 슈퍼바이저도 컨트렉터를 겸하고 있었고, 현재 내 컨트렉터로 일하고 있는 인니도 호주 농장에서 6년을 일했다고 한다. 이제 나는 농장일을 시작한지 한 달이 조금 넘었다. 그들은 대부분 스폰서 비자로 이곳에 오래 머물러 있는 듯 보였다. 내가 못할 이유도 없지만 현실적으로 많이 힘들고, 아니면 당장 다른 농장을 알아봐야 하기에 지금의 꿈은 접었다. 큰돈을 벌려면 내가 일을 하는 게 아니라 다른 사람이 내 일을 도와줘야 한다. 한마디로 밑에 사람을 두고 일을 시켜야 하는데, 평생 이곳에서 살 것도 아니었고, 무리가 따랐다.

그나마 요즘은 주 50시간 이상 일을 하고, 농장에 차가 없는 사람 몇을 픽업하는데 잘만 하면 나도 주 1,000$을 넘길 수도 있을 것 같기도 했다. 픽업비도 만만치 않은데 4명을 주 5일만 태우고 다녀도 200$은 가외로 생긴다고 보면 된다. 농장까지의 거리가 왕복 95㎞. 1인당 하루 10$을 받으니 꽤 괜찮은 일이다. 거기다가 내가 시간을 내서 사람들을 태워주는 것도 아니고 나도 어차피 출근을 해야 하기 때문에 집 부근에 사는 사람 몇을 태우고 다니는 것뿐이다. 3달만 꾸준히 픽업을 하면 차값은 이미 건지고도 남는다.

컨트렉터들은 보통 9인승 이상의 승합차를 몰고 다니는데 하루만 출퇴근하면 픽업비가 80$은 남는다. 5.5시간의 급여를 거저먹는다고 보면 된다. 어차피 외국인 노동자로 와서 차를 사를 사는 형편이 대부분 안 되는데 서로 윈윈전략인 것 같다.

나도 이참에 차를 스타렉스 급으로 바꿔 사람만 태우고 다녀도 일당은 충분히 나올 것 같은 생각도 해봤다. 아예 20인승 버스를 구입해 농장일은 하지 않고 운전기사로 직업을 바꿀까 하는 생각도. 사실 그러면 농장일보다는 수입이 훨씬 낫다. 일하지 않고 단지 출퇴근만 시켜주고 하루 200$의 수입이 보장되니까 말이다. 생각만 하고 실천하지는 않았지만, 해볼 만한 일인 것 같다.

# 농장일의 강도

함께 다니던 한국인 두 명이 모두 농장을 떠났다. 이유는 모두 같다. 다른 일자리를 알아보기 위해. 한 명은 시급이 오히려 더 적은 한인잡을 찾아 나섰고, 다른 한 명은 별다른 대책도 없고 지역 이동을 해버렸다. 덕분에 이곳은 100명의 워커 가운데 한국인은 나 혼자다.

현재까지 이 농장에서 일하면서 일자리를 소개해준 사람이 10명 가까이 되는데, 두 달 이상을 버틴 사람이 단 한 명도 없다. 대부분이 한 달 안에 일을 그만둔다. 유독 이곳만 그럴까? 어느 곳이건 사정은 비슷하다. 일이 힘들고 재미없고 날씨가 너무 덥다. 대부분 이런 사유다. 그래서 많은 워홀러들이 호주에 온 지 6개월 만에 한국으로 돌아간다.

약 한 달 전에 옆방으로 한국에서 막 온 30대 초반 워홀러가 있는데 한국으로 돌아간단다. 결국 애들레이드로 와서 일 한번 제대로 하지 못하고, 영어공부는 관심도 없어 보이고 그렇게 가고 싶다던 동물원도 한 번 못 가보고 돌아간단다. 한 달이 넘는 시간 동안 돈은 계속 빠져나가고 아무것도 하는 일 없이 참으로 허무한 호주 생활이 됐을 것이다.

나 역시 초기 한 달은 맨땅에 헤딩하는 수준이었지만 참고 견디니 8개월이 된 지금 '먹고 살만한 수준'이 된 것 같다. 호주에서 일하는 건 정말 쉽지 않은 일이다. 시티잡이야 한국에서 했던 알바수준이니 그럭저럭 저임금으로도 버틸 만한데 농장과 공장은 야외일이 많고 40도를 육박하는 더위와 싸우기가 무척 힘들다. 공장이라고 해봤자 대부분 도살장으로 가니 안 봐도 역겹고 정말 고되다. 정말 강하지 않은 자는 이곳에서 도태될 수밖에 없다. 자신의 인내심을 테스트 하는 것 같기도 하고, 주급을 받는 낙으로 버틴다는 표현이 적절할 수도 있겠다.

하루 8시간 동안 딸기만 따자니 얼마나 지루하겠는가. 보통 무릎까지 올라오는 고무장화를 신고, 긴팔 위에 고무장갑을 낀 채 바람

이 통하지 않아서 그런지 체감온도는 50도는 넘어가는 것 같다. 낭만을 갖고 농장에 오면 안 되는 이유다. 더군다나 나 같은 경우는 풀 알레르기가 있어서 매일 약을 먹고 일을 한다. 그리고 연고를 바르는데도 집에만 오면 매일 온몸을 긁어 피를 봐야 직성이 풀린다. 일하기가 정말 쉽지 않다. 어디를 가건 남의 돈 벌기가 쉽지 않겠지만 농사일은 정말 해보지 않은 사람은 모른다.

요즘 들어 계속 이렇게까지 이 일을 해야 할까 하는 생각이 들긴 하지만 그때뿐이다. 이 정도도 이기지 못해 무슨 일을 하겠는가? 긍정적으로 생각하고 호주에서 2년을 누구의 도움 없이 혼자 힘으로 일어서려면 해야만 한다. 특히 딸기는 한국 사람들 소문에 돈이 되지 않고 힘든 일로도 유명하다. 심지어 딸기 농장에 가면 90%는 망한다는 말이 있다. 괜히 나온 말은 아닌 것 같다. 나에게는 딸기가 어느 정도 할 만한 일이지만 다른 사람에겐 아닐 수도 있는 일이니 말이다. 그래서 이곳에 한국인이 전무할 수도 있다. 물론 그보다는 영어로 대화 안 되고 차 없고 집을 스스로 구하지 않는 이상 이곳에서 일할 수 없으니 여러 가지 복합적인 이유가 있을 것.

농장일, 생각보다 쉽지 않다. 정말 굳은 마음을 갖고 오지 않는 이상 80~90%는 3달을 견디지 못하고 나갈 것이다.

# 2nd visa 취득

연말이 가기 전 드디어 2nd visa를 취득했다. 그동안 공장에서 일했던 것과 농장일을 포함해서 3달이 충분히 넘었기에 이민성에 2nd Form을 지원했는데 10일 만에 비자 승인이 떨어졌다.

사실 농장&공장 모두 캐시잡으로 일을 했고 Pay Slip 따위가 없었기에 무척 맘 졸여 있었다. 비자 신청 후 4주 안에 승인이 무조건 나야 한다. 그렇지 않으면 거절된다는 뜻이다. 1ST Visa를 받을 때처럼 Health Form을 다시 받아야 되나 걱정했지만, 비자 신청 후 약 1주일이 넘으니 바로 헬스 폼 없이 2nd Visa가 승인된 것이다. 헬스 폼을 받으려고 하면 일을 하루 쉬고 병원 가서 다시 체크를 해야 하는데 한국보다 비용이 3배 정도 비싸다. 비용이 절감됐다. 운이 상

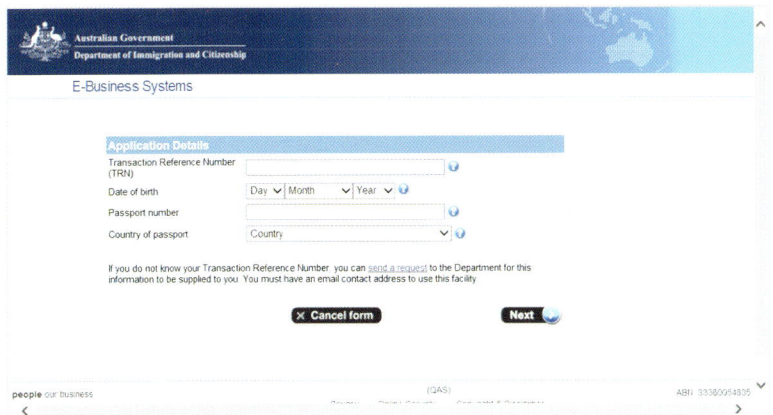

당히 좋았던 것 같다.

2012년까지는 visa 신청비가 AU280$. 2013년부터는 350$로 대폭 인상된단다. 내가 5월에 비자를 신청할 때 235$정도로 기억하는데 6개월이 안 돼 오르고, 6개월이 지나니 또 올랐다. 앞으로도 오를 가능성이 높다. 마치 호주 정부가 워홀러들을 상대로 장사를 하고 있는 것 같다는 느낌이 들었다. 심지어 500만$ 이상을 호주에서 사업비로 투자하면 영주권을 준다는 기사도 있다. 대부분 중국 부호를 노리고 정책을 펴는 것 같은데 대책 안 나오는 정부다. 이것에 대한 비난 여론도 만만치 않다. 내가 크게 상관할 바는 아니지만 그다지 좋아보이지는 않았다.

어찌 됐든 간에 나는 사람들이 내게 있어 부러워하는 조건을 거의 모두 갖춘 것 같다. 특히 한국인들이 농장을 가는 대표적인 이유는 2nd Visa를 취득하기 위해서인데 지금 이곳에 한국인은 한 명도 없지만 웬만큼 이상적인 방향으로 나아가고 있는 것 같다. 한국에서 호주로 출발할 때, 그리고 호주에 와서도 한참동안 목표가 없었지만 이제는 명확한 목표가 정해진 것 같다.

# 연말 파티에 초대되다

함께 일하던 컨트렉터에게서 연말에 특별한 일이 없으면 자신의 집으로 오라는 초대를 받았다. 처음 있는 경우에다 마침 특별한 일정이 잡혀있지 않아 승낙했다. 시티에서 상대적으로 북쪽에 위치한 Mawson Lakes 지역이었는데 뉴타운으로 개발 중인 지역인 듯 보였다. 많은 하우스가 새로 만들어지고 있었다. 분위기는 상당히 고급스러워 보이는 지역이었다. 마치 궁전에 들어온 듯 집 앞에 원형 호수에 분수가 뿜어져 나오는 아름다운 지역이었다. 컨트렉터가 렌트한 집은 방 두 개의 유닛이었는데 4명이 살기에는 조금 작아 보였다.

7시에 초대 받았건만 막상 사람들은 9시가 되어서야 도착하기 시작했다. 함께 일하는 이태리 친구 'Rosella'를 제외하곤 모두 인도네시아인이었다. 막상 초대를 받았건만 식사를 하고 나니 무척 졸리기 시작했다. 매일 5시에 일어나서 9~10시에 잠을 자는데 이 날은 하루 종일 강한 바람에 비가 왔다. 피곤했지만 남에 집에 가서 사람들이 다 있는 곳에서 잠을 자기는 곤란했다. 특별한 건 없었다. 자그마한 거실에서 20명이 모여 앉아 이런저런 이야기를 했는데 비몽사몽한 데다 끊임없이 담배를 피는 바람에 불쾌하기까지 했다.

자정이 다될 무렵 시티에서 불꽃놀이가 있다고 한다. 주차비가 시간당 AU10$정도로 비쌌지만 이번 기회가 아니면 언제 또 와 보겠

호주 워킹홀리데이

냐는 심정으로 차를 대고 Adelaide Festival Centre로 이동했다. 애들 레이드의 축제는 이곳이 중심부인 듯했다. 약 20분간의 불꽃놀이와 함께 한쪽에서는 현란한 무대장치에서 음악이 나오기 시작했다. 사람들은 발 디딜 틈 없을 정도로 붐볐고, 호주에서 이렇게 한곳에 많은 사람들이 모인 건 처음 보는 듯했다. 한국과 크게 다를 건 없었지만 종을 울리는 일은 없나 보다. 종교와 문화가 다양하다 보니 행동 양식은 조금씩 차이가 있지만 어디를 가나 사는 건 비슷해 보였다.

연말이 되어 생각해 보니 벌써 한국을 떠난 지 7개월이 지났다. 호주로 워홀을 온 사람들이 평균적으로 얼마나 머무르는지 모르겠지만 내가 여태 봐 온 한국인들을 보면 7개월 미만인 사람들이 더 많았다. 1년을 넘기는 사람은 10명 중 1~2명 정도. 대부분의 사람들이 단기간에 떠난다는 뜻이다. 막상 외국 생활을 동경하는 사람들이 일을 구하기조차 힘들고 한국에서 경험한 적 없는 3D 직종을 하려다 보니 힘이 많이 들었나 보다.

지금까지의 호주 생활을 돌이켜보면 크게 얻은 건 없었던 것 같다. 통장 잔고를 확인하면 한국에서 가지고 온 돈 그대로인 듯 보였고, 영어를 주로 사용하지만 이것을 목적으로 온 게 아니기에 크게 중요하다고 생각하지 않았다. 그나마 얻은 건 다양한 경험과 여행인 듯하다. 잠시 한국을 떠나 돈과 영어를 목적으로 온 건 아니지만, 막상 7개월의 생활을 돌아보면 크게 만족할 만한 건 아닌 듯하다. 회의감이 들기 시작했지만 한국에서의 생활보다는 조금은 행복했다.

## 호주에서 처음 보는 공연

2013년 1월 4일

역시나 오늘도 딸기를 열심히 따고 있던 중 점심을 먹을 때 즈음 돼서 컨트렉터가 오늘 저녁 Adelaide Festival Centre에서 공연이 있다고 같이 보러 가잔다. 당연히 "Yes"라고 했지만 가격이 만만치 않았다. 80$이었던 것이다. 공연 전 식사가 있는데, 이건 선택사항으로, 35$이다. 원래는 공연만 보러 갈 생각이었지만 같이 가는 농장식구 4명이 모두 식사를 한다기에 가겠다고 했다.

만나기로 약속한 시간은 5시 30분. 상대 쪽에서 그 시간에 만나자고 하기에 별 생각 없이 승낙했다. 일이 4시에 끝나서 집에 도착하면 5시가 조금 안 된 시간. 샤워하고 바로 나가야만 한다. 시간관념이 철저한 나는 빠른 속도로 이동 후 집에서 시티까지는 자전거를 이용했다. 거리도 25분 정도면 충분하고 주차비도 만만치 않기에 자전거가 효율적이라 생각했다. 다행히 약속시간 5분 전에 도착했다. 약속시간이 지나도 연락이 없기에 먼저 연락해 보니 늦는단다. 차가 많이 막힌다는 말이었지만, 나중에 시간을 계산해 보니 그들은 아직 집에서 출발조차 하지 않았다.

1시간을 넘겨 1시간 30분을 기다렸지만 오지 않았다. 화가 나서 그냥 가버릴까 생각하던 중 7시를 넘겨서 약속장소에 도착했다. 여기서 느낀 점은 인도네시아인들은 시간개념이 없다는 점이다. 연말 약속에서도 2시간, 이번에도 90분을 기다렸다. 그다지 미안해 보이지도 않았다. 다음부터 약속을 하지 않든지, 1시간씩 늦게 나오는 게 현명한 판단인 듯 보인다.

80$을 지불했건만 내가 앉은 좌석은 2층에서도 뒤쪽이었다. 배우 얼굴은 당연히 보이지 않고 영상 화면으로만 보였다. 식사도 그다지 만족스럽지 못했다. 내가 여태껏 호주에서 먹어 본 가장 비싼 식사였지만, 생선튀김 조금에 음료수 한 잔이 고작이었다. 양이 너무 적어 배가 차지도 않았다.

결국 115$을 들여 불만족스러운 약속만 됐다. 하루 8시간 번 돈을 3시간에 투자하고도 부족했다. 호주 문화가 어떤 건지 확인하는 정도로 만족해야 할 듯했다. 다음에 따로 갈 일은 있겠지만, 공연보다는 컨트렉터가 시간에 늦은 것이 무척 화가 났다. 이것으로 불신만 커져갔다.

# 위기의 딸기농장

당연한 말이겠지만 모든 작물들은 환경에 크게 영향을 받는다. 얼마나 많은 일을 해야 만족해야 할지 모르겠지만 일이 없었다. 주 5일이라도 일하면 다행이고 그렇지 못한 날이 태반이다. 어떤 날은 고작 4시간 일하고 집에 가라고 하지 않나, 8시간 이상 일하는 날이 거의 없었다.

정말 4시간 일하고 퇴근하면 기름값이 낭비라는 생각마저 들었다. 당연히 저축을 할 수가 없다. 호주라는 나라가 일을 많이 하지 않는 나라이긴 하지만 이건 좀 아닌 듯 했다.

병충해로 인해 딸기농장의 70%가 열매를 맺지 않는다. 결국 밭을 밀어내고 새로 씨앗을 뿌리는 수밖에 없다. 열매를 수확하려면 최소 한 달은 기다려야 한다. 즉 한 달간 일이 없다는 말이 되겠다. 최근에는 2일 근무 1일 휴무가 시작됐다. 아무리 돈을 목적으로 온 게 아니라지만 한국보다 물가가 높은 나라에서 내가 한국에서 벌었던 돈보다 더 수입이 적었다. 호주인들이 받는 최저생계임금에도 못 미치는 금액이다. 일자리를 옮겨야 하는 생각이 절실했다. 막상 일자리를 옮긴다고 해도 또 농장으로 갈 텐데 불안감만 커졌다. 컨트렉터 말로는 다음 주부터는 좋아진다고 했지만 막상 다음 주가 되어도 상황은 달라지지 않았다.

솔직히 매일 하는 일이 지겹기도 하고 쉬는 기간을 즐기기로 했다. 재충전하는 시간을 갖고 영화도 보고 사람들과 게철이라고 해서 게를 잡으러 가기도 했다. 다행히 방값과 식비 등을 제외해도 적자를 보진 않았지만트 마음이 편하지는 않았다. 많은 사람들은 이미 다른 곳으로 빠져나갔고 나도 근처에 다른 농장이 있다는 말을 듣고 지원을 했지만 내게 연락은 오지 않았다.

시급이 좋은 한국인 컨트렉터를 찾아갈까 생각도 해봤지만 또 그들이 렌트한 집에 선착순으로 온 사람들에게 일할 동안 기다려야지 일을 준다는 말에 가지 않았다. 얼마나 기다려야 할지 정확히 알 수 없을 뿐만 아니라, 기다려도 더 이상 한국인 컨트렉터에게 신용을 기대하기가 힘들었기 때문이다.

2일 근무 1일 휴무도 적응하다 보니 그다지 나쁘지는 않았다. 주 4,5일정도의 일이지만 하루하루 지나다 보니 나쁘지는 않았다. 이렇게 딸기 농장에서의 시간이 지나가는 듯했다.

# 04

# Mclaren Vale 세계적인 포도산지

포도 픽킹이 시작된 지도 이제 한 달이 넘었고, 같이 일하는 동료들도
거의 매일 얼굴을 보다시피 하니 많이 친해지기도 했다.
매년 작으나마 파티를 진행하는데 포도 픽커들과 생산자들의 모임이다.
대략 150명 정도가 참가한 것 같다. 공원에서 BBQ 파티가 진행되는데
픽커들이 딴 포도로 만든 와인을 마음껏 마실 수 있는 기회다.

# 일자리를 구하는 방법

여러 가지 방법이 있다. 처음 호주에 도착했을 때만 해도 오직 '호주나라'라는 한인 커뮤니티만을 이용했다. 당연히 한국인 밑에서 저임금 노동 착취를 당하면서밖에 일할 수 없다. 가치 있는 일에 좋은 급여를 기대하는 건 무리다. 보통 AU10$ 초반에서 급여가 형성된다고 생각하면 되겠다.

내가 본 최저임금은 시급 7$이다. 렌트카 업체에서 주차와 발차를 하는 일인데 무슨 생각으로 이런 급여를 제공하는지 알 수가 없다. 더군다나 풀타임도 아니고 하루 3~4시간 정도의 일이었는데 최악의 한국인인 듯하다. 외국인 친구들에게 대부분의 한국인이 10$ 정도의 급여를 받고 일한다고 하면 무척 놀란다. 하지만 현실은 그러하다. '어그리 코리언'이 괜한 말은 아닌 듯하다. 하긴 나도 도살장에서 2주간 트레이닝 기간이라고 해서 11$을 받고 일한 적이 있다. 나머지 돈은 고스란히 컨트렉터 지갑으로 들어간다고 생각하면 되겠다. 한마디로 한국인 밑에서 일하는 건 현명한 방법이 아니다.

물론 영어가 안 되고 정보가 없고 더군다나 차량을 소유하고 있지 않다면 한국인 밑에서 일하는 건 불가피하다. 하지만 이제 나는 세 가지 모두가 어느 정도 된다고 자신 있게 말할 수 있다. 차량을 소유하고 있고 일자리를 찾는 것도 이제는 그다지 어렵지 않다. 다만 시급 20$ 이상의 일자리를 찾는 건 발품을 팔아야 한다. 영어를 잘한다고 말할 순 없겠지만 일자리를 찾고 일할 수 있을 정도는 되는 것 같다.

여기서 몇 가지 힌트를 주려 한다. 그나마 괜찮은 Aussie job을 구할 수 있는 방법이다. 대표적인 방법은 Gumtree를 이용하는 것이다. 물론 기본적인 영어는 돼야 한다. 고급 영어를 말하는 게 아니다. 처음 호주에 도착했을 때 검트리 정도는 알고 있었지만 막상 영어에 대한 불안감에 나는 도전조차 하지 않았다. 하지만 호주에서 몇 달을 지내고 외국인과의 대화가 전혀 어색하지 않다 보니 검트리도 도전해 볼 만하다. Native와의 전화통화가 어렵다면 문자나 이메일을 보내면 된다. 내가 시도해 본 결과, 문자만 보내도 절반은 답장이 온다. 답장이 없다면 고용주가 워커를 이미 구했다는 뜻으로 이해하면 되겠다.

실제로 나는 딸기 농장을 검트리를 이용해서 구했다. 비록 인도네시아 컨트렉터지만 농장주는 호주인이다. 크게 상관할 바가 아닌 듯하다. 많은 한국인들이 검트리를 알지만 잘 이용하지는 않는 듯하다. 실제로 컨트렉터에게 문의한 결과, 한국인은 내가 처음이란다. 거의 대부분이 유럽에서 온 워커들이다. 덕분에 100명 중 한국인은 단 한 명. 두려워하지 말고 한국인이 부당하다고 느꼈다면 검트리에 도전해 보자. 문자 정도는 누구나 보낼 수 있다.

다음 방법은 인맥이다. 딸기농장에서 일하던 중 얼마 지나지 않아 부근에 다른 농장이 있다는 사실을 동료에게서 들었다. 토마토 농장인데 시급이 텍스 포함 20.2$이다. 지원했지만 연락이 오지 않아 거의 포기한 상태이긴 하다. 부근에 닭 공장도 있었지만 현재 사람을 채용하지 않는 상태였고 양파, 사과, 체리 등 다양한 작물이 있었지만 몇 곳은 지원하는데 실패했다. 추후에 포도 농장이 있다는 소식도 들었고, 나중에 이곳은 시급 20$에 들어가는 운을 맞기도 한다. 오지 농장에서 일하게 되면 소문이 계속 돌게 되어 있다. 다양한 사람들과 친하게 지내고 소식을 접하게 되면 정보가 무수히 나온다. 어차피 워홀러들이 가게 되는 곳은 거의 정해져 있다고 봐야하기 때문에 항상 같이 움직이게 된다. 인맥으로 움직이는 게 추후에 행운을 가져올 것이다.

다음 방법은 MADEC이다. MADEC은 쉽게 말해 '농업고용 지원 센터'라고 생각하면 될 것 같다. 2월 중순에 나는 포도 농장으로 움직이는데 MADEC을 통해서만 지원이 가능해 보였다. 호주 곳곳에 MADEC이 존재한다. 주로 농장이 많은 지역에 있는데 GOOGLE에서 MADEC을 검색하면 어렵지 않게 찾을 수 있다.

다음은 구글 지도를 통해서 일자리를 찾는다. 이건 조금 어려움이 따르고 반드시 차가 있어야 한다. 방법은 아주 간단하다. 내가 현재 머무르고 있는 곳을 지도 중심으로 한 후 위성 화면으로 레이어를 변경 후 지도를 샅샅이 살피는 방법이다. 'Rural Pty'라고 적혀 있거나 위성사진에 과수원이 보이면 검색 후 찾아가는 방법이다. 무모한 방법일 수 있는데, 어느 작물이 현재 어느 시즌에 운영되는지도 모르고 무작정 열정으로 차를 갖고 찾아 나서야 한다. 운이 좋다면 좋은 고용주를 만나 오래 일할 수 있다. 하지만 현실적으로 어려움이 있는 건 사실이다.

마지막으로는 대형 슈퍼마켓에서 찾는 방법이다. Woolworths나 Coles에서는 항상 과일을 판매하는데 이곳을 잘 살펴봐야 한다. 분명히 과일마다 원산지가 존재하기 마련이고, Tag가 붙어져 있다. 이 Tag를 잘 살피면 그 과일이 어디서 생산됐는지 정확한 주소와 연락처를 확인할 수 있다. 멀지 않은 지역이라면 직접 찾아가는 용기가 필요하다. 일자리는 거의 있을 확률이 높다 하겠다. 너무 멀지 않으면 충분히 승산이 있다.

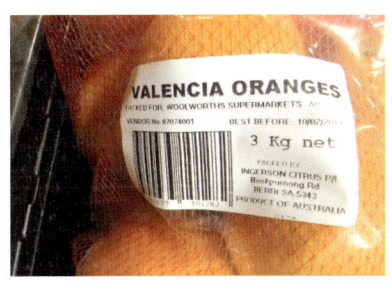
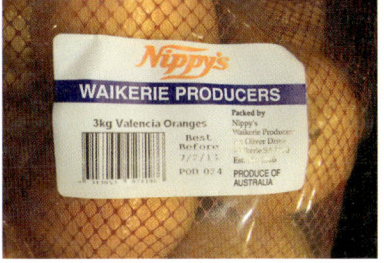

내가 지원한 토마토 농장에서는 Woolworths에 직접 토마토를 공급하고 있었고, 주소를 확인할 수 있었다. 이런 슈퍼마켓에 공급하는 기업은 어느 정도 규모가 있고 시급을 떼먹지 않는다. 더군다나 한국인이 있을 확률도 거의 희박한 수준이다. 실제로 토마토 농장에서 일하는 사람은 수백 명의 규모인데 한국인은 1~2명 수준이라고 들은 바가 있다.

지금까지 다양한 방법을 제시했다. 물론 차가 있어야 가능하겠지만 차가 없다면 차를 사자. 어렵게 생각할 이유가 하나도 없고 반드시 본전 이상의 가치가 있다. 차가 없다면 정보를 제공 후 차가 있는 사람을 만나면 된다. 한인 커뮤니티를 이용하면 오일쉐어를 구할 수 있을 것. 이제 좋은 일자리를 구하는 일만 남았다. 더 이상 호주에서 한국인에게 노동 착취를 당하면서 고용되지 말지어다.

호주 정부에서 운영하는 무료 농장 직업소개소 MADEC
농장에서 일을 하고자 한다면 내가 살고 있는 곳 부근에 MADEC이 있는지 반드시 확인한다. 법적으로 정한 임금과 연금을 지급한다. 특히 현지인들과 유럽 백패커들이 많이 찾는다. 나도 MADEC을 통해 포도 농장 일을 구했다. 당시 워커들 100명 중 동양인은 단 2명. 다른 한 명은 대만 워홀러.

# Elizabeth로의 이사

더 이상은 참기가 힘들었다. 대놓고 사람들 앞에서 성격이 나쁘다고 말하지 않나, 연구할 대상이라는 등 불쾌감을 주는 말을 했다. 나는 집에서 집주와 거의 말을 하지 않는다. 말을 섞을수록 불쾌감만 늘어나기 때문이다. 그래서 꼭 필요한 말이 아닌 이상 말을 하지 않았다. 물론 다른 사람들과는 친하게 지낸다.

여전히 밥솥은 취사용으로 보온 기능은 전혀 사용하지 않는다. 그러기에 항상 찬밥을 전자레인지에 돌려먹는 방법밖에는 없다. 그게 아니면 취사를 한 후 바로 먹는다. 낮에 들어오면 내 방에 조명을 사용하지 못한다. 커튼을 치라고 한다. 하지만 한국과 방 구조가 달라서 커튼을 치면 동물원에 원숭이가 된 듯한 기분이다. 통유리라 밖에서 안이 훤하게 보이기 때문이다. 개미와 함께 하는 동거.

가끔씩 식사를 제공하는데 마치 당연하다는 듯이 설거지는 내 몫이다. 물론 준비해 주신 식사는 감사히 먹지만, 내가 당연히 설거지를 해야 할 이유는 없다고 생각하는데 몇 인분을 하든 설거지는 무조건 내 몫이다. 나는 도와주는 입장이지, 그곳에서 밥 먹는 보답으로 설거지를 원하는 게 아니다. 그 뒤로 함께 식사를 하지 않았다. 함께 얼굴을 보는 것조차도 불쾌했다.

집주가 40대女 종교인이었는데 주말만 되면 교회 가기를 강요했다. 처음 한 번은 호기심에 갔지만 나와 맞지 않았다. 참고로 나는 무신론자이다. 일요일에 일이 있는 날에도 일을 쉬고 교회가기를 바랐다. 단호히 거절했다. 여러 가지로 스트레스가 쌓여만 갔다. 당시 8명이 살았는데 냉장고는 한 개였다. 상식적으로 반찬 한 개를 집어넣을 공간조차 부족해 냉장고를 열면 반찬들이 쏟아져 나왔다. 장점이라면 쌀을 제공하는 것과 2인 1실에 주당 방값이 그나마 약간은 저렴한 80$이라는 것이었다.

사실 생각해 보면 그다지 저렴하지도 않았다. 주변에 방 두 개의 유닛을 렌트를 하는데 비용이 주당 210$ 선이었다. 여러 가지 어려움으로 렌트를 하기 힘들었기에 쉐어 하우스를 전전하는데, 특히나 이집은 집주의 횡포가 갈수록 심해졌다. 보름에 한 번 정도 차 내부를 청소하는데 처음 집에 입주할 때만 해도 진공청소기를 사용하려고 하면 연장선까지 빌려주면서 호의를 베풀더니, 이제는 차 내부 청소하는데 돈 얼마나 든다고 집에서 청소기를 이용한다고 핀잔이다. 상황이 달라져도 너무 달라졌다. 하루하루 있기가, 집주인의 얼굴 보기가 불편하고 화가 치밀어 올랐다.

결국 2주 전에 공지를 주고 이사를 가겠다고 말을 했다. 당시 딸기도 상황이 그다지 좋지 않았고 마땅히 갈 곳을 정해 놓지도 않았지만 여기만 나가면 숨통은 트일 것 같았다. 결국 이삿날까지도 불쾌한 감정을 억누르지 못하고 보증금만 받고 짐을 빼버렸다. 가는 날에도 딸기를 따고 퇴근 후 바로 짐을 뺐는데, 내가 살던 방 청소를 하고 가란다. 어이가 없었지만 무시해버렸다. 어느 집에서 내가 돈을 내고 사는 입장인데 나가는 날까지 청소를 하고 나가는가.

아무리 생각해도 최선의 방법은 이사였다. 다행히 이사 전날 컨트렉터가 렌트를 한 집이 있어 이사를 하게 됐다. 농장과의 거리가 멀어서 망설였지만 단기간이라도 살아보자는 심정으로 엘리자베스 지역으로 이사를 하게 됐다. 나중에 알게 됐지만 엘리자베스는 South Australia에서의 가장 빈민가 중의 한 지역이었다. 사실 이 지역에 대해서 아는 건 별로 없었는데 들리는 소문에 의하면 한국인이 그 전에 몇몇 살았었는데 자고 일어나면 자동차를 털어가거나 유리창이 깨지는 일이 빈번하다는 소문은 들었었다. 그래서 한인들은 현재는 살지 않는 외국인 노동자 밀집지역이라는.

소문 따위는 신경 쓰지 않았지만 그게 나중에 내게 직·간접적으로 영향을 미칠지는 생각지도 못했다.

Mclaren Vale 세계적인 포도 산지

호주 워킹홀리데이

159
Mclaren Vale 세계적인 포도 산지

# Willunga로의 이사

2월 10일

정확히 Elizabeth에서 10일을 살았다. 머물렀다는 표현이 더 정확하겠다. 인도네시아인 4명과 대만인 1명 그리고 나. 이렇게 6명이 살고 있는데, 이사한 첫날부터 그 집에 살고 있는 사람에게서 이상한 말을 들었다.

농담을 하는 듯 허리까지 내려오는 긴 머리 여자가 집 주변을 왔다 갔다 한다는 둥 집 안쪽 창문에 아기 손 모양의 자국이 있다는 등 이상한 말을 퍼부었다. 무슨 싱거운 소리인 양 무시해버렸다. 신경조차 쓰지 않았다. 원래 나는 귀신의 존재 따위는 믿지 않는 사람이다. 이사한 첫날에도 역시 딸기 픽킹을 했고 이삿짐을 나르고 어느 정도 정리를 하느냐고 피곤했는지 9시도 안 돼 일찍 잠이 들었다.

몇 시나 됐을까. 이상한 소리가 들렸다. 분명 꿈은 아니었다. 더워서 창문을 열고 잤는데 밖에서 "Hello, Hello, Hello" 계속 이런 여자 소리가 들렸다. 뭔 소린가 하는 생각에 밖을 내다보는 것조차 귀찮아 무시하고 잤지만, 아침에 일어나서 생각하니 뭔가 많이 찝찝했다. 새벽에 "Hello" 소리가 10번은 들린 것 같다. 그것도 아주 가까이서 들렸고 사람이 움직이는 발자국 소리까지 선명했다.

다음날 그 집에서 몇 달을 살았다는 대만인에게 물어보니 그 전에도 그런 적이 있었다고 한다. 특히 지금 내가 자고 있는 그 방에서만 말이다. 소름이 돋았다. 왜 하필 내가 자고 있는 방에서 이런 소리가 들린단 말인가. 하우스 메이트 말에 의하면 정신 나간 호주인 여자가 집 주변에 살고 있는데 밤마다 집 주변을 돌아다니며 이런 일이 종종 있단다. 심지어 마당에 잠금장치를 하지 않으면 집 안으로 들어와 방 앞까지 돌아다닌다는 것이다. 귀신은 아닌데 몽유병 환자나 정신병원에 가야 하는데 못가고 돌아다니는 사람인 것 같았다. 한번은 그 여자 남편이 집에 와서 돈 내놓으라고 협박한 적도 있었단다. 환장할 노릇이다. 집을 잘못 선택한 듯했다. 구두쇠 한국인 아줌마 집에서 벗어났나 했더니 이번엔 이상한 집으로 이사를 와버렸다.

그뿐만이 아니었다. 집에 개미와 거미가 너무 많았다. 개미는 정말 심각할 정도로 많았는데 침대에도 개미 수십 마리가 돌아다녀 함께 동거를 하는 수준. 설거지를 해놔도 식기 주변엔 항상 개미떼로 가득하다. 역겨워서 토가 나올 지경인데 화장실에는 거미와 이름 모를 벌레들이 가득. 충격적인 사실은 주방에는 쥐가 돌아다닌다는 것이다. 이 정도면 말 다한 듯했다.

당장 이사를 결정했다. 집이 워낙 오래되 보이는데다가(한 50년은 되어 보이는 듯하다) 슬럼가. 거기다가 출 퇴근 거리까지 멀어지면서 퇴근하고 집에 오면 아무것도 할 수가 없었다. 방에 들어서면 나를 반겨주는 것은 개미들뿐. 밤에는 위험해서 주변에 나가 본적이 한 번도 없다. 창문은 항상 닫혀 있어야 되고 밖에서 볼까 커튼도 항상 닫아두어야만 했다. 앞집에서는 거의 매일 밤 12시까지 동네 사람들 다 들으라고 음악을 크게 켜두는 바람에 잘 때 귀마개는 필수다.

물론 이 집도 장점은 있다. 독방에 주 80$이다. 하지만 다 필요 없고 당장 다른 집을 알아봤다. 참고로 집의 위치가 그다지 좋지 못해서 인터넷은 전혀 이용이 불가능하다. 마침 그 전에 MADEC에서 포도 픽킹을 지원해 놨는데 주변에 말에 의하면 곧 포도 픽킹이 시작된단다.

우연히 MADEC office에서 만난 French guy 의해서 만난 사람이 있는데 Mclaren Vale 주변에 자신이 현재 WWOFF하고 있는 집에 쉐어가 가능하다는 말을 들었다. Willunga 주변인데 Mclaren Vale에서 그다지 멀지 않다. 차로 10분 정도? 참고로 Mclaren Vale는 호주에서 가장 유명한 포도 산지 가운데 한 곳이다. 또 다시 실수를 하지 않기 위해 집을 보러 갔다. 다행히 벌레는 전혀 없었고 집도 넓은데다가 방값은 2인 1실. 1인 주100$ 수준으로 보통이었다. 이사가 시급했기에 그 주 일요일에 바로 이사를 갔다.

다행히 집은 아무런 문제가 없었는데 룸메이트가 입이 거칠었다. 그의 이름은 Yannick. 나와 키도 비슷하고 나이도 같았다. MADEC에서 포도 픽킹 등록을 하고 그 다음 차례에 Yannick이 등록했는데 MADEC office에서는 포도 픽킹시 차량 유무를 확인했다. 차가 없으면 등록 자체가 불가능한 농장일이다. 한마디로 일을 안 시켜준다, 이 말이다. Yannick은 차가 없었다. 호주 전역을 자전거로 여행하는

Mclaren Vale 세계적인 포도 산지

여행자였다. 내가 등록을 하자 내가 차가 있다는 것을 알고 나와 함께 다니고 싶어 했다. 내가 픽업을 하면 어차피 그는 일을 할 수 있으니 그에게는 내가 좋아 보이는 게 당연해 보였을 것이다. 일단은 그 자리에서 승낙을 했고 그가 Mclaren Vale 주변에 살고 있으니 자신의 집으로 나를 초대해서 이사를 가게 된 것이다.

그래서 현재 내 룸메이트가 됐는데 문제는 입이 거친 게 흠. 그의 영어는 그다지 좋지 않은 수준이었는데 특히 발음이 문제였다. French 발음이 너무 강해서 알아듣기가 힘들었다. 내가 계속 못 알아들으니 내게 이사 온 둘째 날부터 대놓고 욕을 하기 시작했다. 자기가 호주에서 본 아시아인 중에서 내가 가장 영어를 못한다는 등, 대부분의 유럽인들이 아시아인들을 싫어한다는 등 이상한 말을 하시 시작했다. 내 영어를 Fucking English라고 표현하지 않나, 하루에도 몇 번씩 Fuck을 남발했다.

이 집에 오자마자 며칠 안 돼 또 이사를 가야 하나 생각이 들었다. 솔직히 말해 내 차를 얻어 타는 주제에 뭘 믿고 나한테 잘 보일 생각은 하지 않고 이런 막돼먹은 행동을 하나 하는 생각까지 들었다. Yannick은 내가 그 집을 떠나는 순간 실업자가 되는 것은 불 보듯 뻔한 일이였다.

# 포도 픽킹 시작!

2월 13일

어제까지만 해도 여태까지 하던 딸기 픽킹이 계속되었다. 지루한 나날의 연속이라고 말할 수 있겠다. 나를 제외한 워홀러들은 대부분 오래 버티지 못해 딸기밭을 떠난 지 오래고 동남아인들만이 남아 계속 일하고 있었다. 평소와 다를 바 없이 일을 마치고 집으로 귀가했는데, 집에 오자마자 Yannick이 내게 짜증을 냈다. 전화는 왜 안 받냐, 문자 보냈는데 답장은 왜 안 주냐는 얘기였다. 나는 전화 온 적도 없고, 문자 역시 받은 적 없다고 했지만 막무가내였다.

결론부터 말하면 MADEC에서 연락이 왔는데 내일부터 출근을 하라는 거였다. 드디어 길고 긴 딸기시즌이 끝나고 쉬는 기간 없이 바로 포도로 넘어가는 것이었다. 100일 이상 딸기밭에서 일한 것 같다. 생각해 보면 그다지 길어 보이지 않지만 매일 같은 일의 단순 반복이어서 그랬는지 무척이나 길게 느껴졌다. 당장 내일부터 시작이다. 시급 19.99$, 연금 9%, 일하는 속도가 남들보다 빠르면 수당을 얻어 받을 수 있는 아주 괜찮은 Aussie job이다. 시즌이 약 두 달 미만으로 짧은 편이긴 하지만 잘만 하면 짧은 시간에 목돈을 모을 수도 있을 것 같다. 사실 지난 시간을 돌이켜보면 호주에서 돈을 벌어서 나간다는 것은 아주 힘든 일이긴 하지만, 새로운 설렘이 나를 기다리고 있다는 생각에 흥분의 도가니였다. 내일부터 시작이다!

호주 워킹홀리데이

Mclaren Vale 세계적인 포도 산지

# 서양인들의 개인주의

우리나라는 쉐어 문화가 강하다. 밥을 먹을 때도 반찬이 있으면 함께 먹지만 이곳은 아주 다르다. 절대 내 돈 주고 사지 않은 물건은 받아들이지 않는 것 같다.

나는 집에 돌아오면 보통 냉장고에 차게 해둔 캔 음료를 먹고 밤마다 맥주를 먹는데 몇 번 야닉에게 맥주나 음료를 권했지만 그는 받지 않았다. 그 전에도 딸기밭에서 일할 때 한국 과자를 몇 번 사간 적이 있었는데 동남아인들은 쉐어문화에 어느 정도 익숙한 것 같았지만 대부분의 유럽인들은 맛만 보라고 해도 무조건적으로 거부했다. 몇 번 그러자 나도 자연스레 더 이상 그들에게 무언가를 권하지 않았던 것 같다. 인지상정이랄까. 그들도 내게 무언가를 건네도 나도 항상 "No, Thanks"로 일관했다.

한번은 Yannick이 내게 과자를 권해서 "ok" 했지만 내게 과자를 던져줬다. 과자를 던지려는 순간 나는 분명히 "No"라고 의사표현을 했지만 나는 순간 당황해서 과자를 받지 못했다. 순간 어이가 없었지만, 생각해 보니 시드니 백팩커에서도 그런 일이 있었다. 독일인이었는데 내게 초콜릿을 권해서 "OK" 했더니 초콜릿을 내게 던졌었다. 우리와 문화가 달라서 그런가 생각해 볼 수 있겠지만 아무리 생각해도 음식을 던져주는 건 예의가 아닌 것 같았다.

두 번 다시 그들에게 무언가를 권하지 않고 나도 받지 않는다고 결심했다. 동남아인들은 같은 아시아권이라서 그런지 몰라도 그런 경우는 없었다. 오히려 아시아 문화권이 먹는 것도 더 나와 맞는 것 같았다. 그들은 무언가를 할 때 협동은 하지만 철저하게 개인의 지위는 지키는 듯했다. 무엇이 좋은지는 모르겠지만 계속 이렇게 지내다 보니 이것도 나쁜 것 같지 않다.

한국인이 있는 곳이라면 과자 한 봉지를 사더라도 나눠 먹었겠지만, 여긴 자신의 물건 외에는 탐하지 않는다. 당연히 한 턱 쏘는 문화도 있을 리 없다. 펍을 가더라도 자신이 먹은 술안주는 따로 계산하고, 술을 많이 먹으면 자신이 먹은 병수를 계산하면 그만이다. 무엇이 좋고 나쁜지는 개인의 몫이다.

# 호주에 대한 나의 생각

2월 21일

　호주에 온 지 9개월이 됐지만 이 나라가 크게 선진국이라고 생각
해 본 적은 없다. 내가 몰라서 그럴지도 모르겠지만 우리나라보다
크게 뛰어난 것을 보지 못했기 때문일 것 같다.

　높은 건물은 당연히 시티 중심부에만 있고, 사실 이것도 한국 고
층 아파트 수준 높이밖에 안 된다. 그렇다고 인터넷이나 IT산업이
발전한 것도 아니고, 오히려 1차 산업이 더 어울려 보인다. 영토가
워낙 넓어서 농업이나 축산업을 하면 큰 힘들이지 않고 돈을 버는
농부들이 많을 것 같다. 어차피 노동자들은 값싼 아시아인들이 널
리 포진해 있으니 인건비는 크게 신경 쓸 바 없고 최저 임금에 미치

는 돈을 지급하지도 않으니 말이다.

　무엇이 호주를 세계에서 5위의 부자 나라로 만들었는지가 궁금하다. 인건비는 세계 최고 수준에다가 물가는 당연히 한국보다 비싸지만 꼭 그렇지 않은 것도 많다. 공산품은 한국보다 조금 더 비싼 수준이고, 직접적으로 인건비가 들어가는 것은 한국의 3배 이상의 값을 받는다. 하지만 인건비가 그보다 높으니 살 만한 나라이긴 하다.

　세금이 많이 높은 수준이긴 하다. 소득이 높은 사람은 그만큼의 최고 45%의 세금을 물리니 무척이나 높은 편이다. 보통 소득의 30% 이상의 세금을 내는 것 같다. 참고로 나도 현재 포도밭에서 일하면서 세금을 내는데 외국인 노동자들은 일반적으로 29%의 세금을 낸다. 물론 나중에 환급받을 때 어느 정도 가감이 되긴 한다.

　인종 차별도 정말 큰 문제다. 얼마 전 시티에서 Fringe Festival이

열려 보러 갔는데 횡단보도를 건너던 중 지나가던 백인 젊은이가 나를 보고 "Fuck"을 남발했다. 못 들은 척 지나갔지만, 아무 이유 없이 동양인이라는 이유로 그런 말을 들으면 하루 종일 기분이 불쾌하다. 시티에 6명이 함께 나갔는데 동양인은 나뿐이었다. 때와 시기를 가리지 않고 욕을 해대는 백인의 입을 꿰매주고 싶었지만 참았다. 한 달에 한 번 정도 거의 대도시 주변에서 이런 일이 흔히 일어나는데, 얼마나 많은 동양인들이 이런 말을 들어야 하는가. 맘 같아서는 잡아두고 왜 내게 욕을 하냐고 묻고 싶다. 분명히 언젠가는 한번 폭발할 날이 올 것 같다. 가운데 손가락을 내밀면 손을 부러뜨리고 싶은 심정이니 말이다.

지금은 호주에 있지만 이곳을 떠나면 다시 호주에는 절대 오고 싶지 않다. 호주뿐만이 아니라 백인들이 사는 곳은 가지 않을 것 같다. 오히려 이곳에서 만난 흑인들이 무척 친근감 있게 다가오는 것 같다. 먼저 말도 걸어주고 한국과 같은 '정'을 그들에게선 느낄 수 있다.

호주에 대해서 잘 알지도 못하고 많은 한인이 이곳으로 이민을 오지만, 그만큼 역이민도 많다는 사실을 알아야 한다. 쉽게 적응하기 힘들 뿐만 아니라, 모든 것을 한국에 두고 온 타지살이는 정말이지 쉽지 않은 길이다. 지금 같아선 누군가 호주에 오겠다면 말리고 싶다. 낭만을 품고 오지만 현실은 녹록치 않다. 특히 동양인이라면 더더욱 말이다.

Mclaren Vale 세계적인 포도 산지

# 포도농장에서 일하는 법

보통 5시에 일어나서 6시까지 출근을 해야 한다. 만나는 장소는 Mclaren Vale Coles 앞이다. 6시 20분 정도가 되면 컨트렉터가 그날의 일정을 알려준다. 일하는 사람들의 인원수는 매일 다른데 보통 50~80명 정도로 유동이 큰 편이다. 자기가 나오기 싫으면 누가 뭐라고 하는 사람이 없으니 안 나와도 그만이다.

6시 30분에 Coles에서 출발해 농장으로 이동한다. 이동은 반드시 자차로 이동한다. 그리고 딸기와는 달리 하루에 보통 2~4농장을 돌아다니면서 일을 한다. 여기서 차가 없으면 일을 할 수 없는 이유이기도 하다. 한국 같으면 버스를 대절해서 이동했겠지만, 호주라는 나라는 서비스 개념이란 것이 없다. 매일 다른 농장을 가니 어디로 가는지 알 수가 없다. 한마디로 지각을 하면 어디서 일하는지 알 수가 없으니 그날은 공치는 날이라 생각하면 되겠다.

나는 한국에서도 그랬듯이 호주에서도 여태껏 단 한 번도 지각을 해본 적이 없다. 7시 조금 안 돼 그날 일할 농장에 도착한 후 또 한 번의 컨트렉터의 조회가 있다. 이제 정말 일은 7시부터 시작한다고 보면 되겠다. 보통 2~3시간 쉼 없이 일하고 15분 정도의 휴식시간이 주어진다. 농장을 이동할 때도 역시 자차로 이동하고, 당연히 이동하는 시간은 일 하는 시간이 아니므로 시급에 포함되지 않는다.

휴식시간 1분도 급여에서 제하는 것 같다.

당연히 이동하면서 휘발유를 소모하게 되는데 자비로 부담해야 하므로 이동이 그다지 좋은 것은 아니다. 왜 한곳에서 포도를 다 따지 않고 다른 농장으로 이동하는지는 잘 모르겠다. 아마도 농장주가 필요한 만큼 포도를 따라고 지시하는 것 같았다. 보통 이렇게 일이 돌아간다고 생각하면 되겠다.

여태까지 가장 늦게 끝난 게 4시인데, 실제로 일한 시간은 7시간이 채 되지 않는다. 6시까지 출근을 해야 하지만 급여는 7시부터 계산되고 농장 간 이동시간, 쉬는 시간을 모두 제외하니 효율적이지 않다고 봐야겠다. 실제로 급여 명세서를 받아 봐도 일한 시간이 '6.75H'라고 적혀 있을 정도로 시급제가 아니라 분급제라고 해야 함이 더 정확하다. 장비라든지 개인이 필요한 건 당연히 본인이 준비한다. 한국이라면 회사에서 일을 할 때 필요한 장비는 모두 무료로 나눠줄 텐데 이런 점이 한국과 다르다.

한 가지 제공하는 게 있는데 벌크 통에 물을 담아 나눠 먹을 수 있게 해 놨다. 물론 이 물의 양도 턱없이 부족하다. 그래서 대부분의 워커들이 본인 물을 가지고 다닌다. 역시 아무리 봐도 가장 한국과 다른 점은 '정'인 것 같다. 한국이라면 농장주가 사람을 고용해서 일을 한다고 하면 점심도 제공해서 다 같이 먹고 쉬는 시간도 호주보다는 많이 보장할 것 같다. 하지만 호주는 철저히 끊어지게 시스템을 만들어 놔서 일 외적인 것에는 아무것도 없다. 그저 포도만 따는 픽킹 머신이 되어야 할뿐이다. 재미있을 리가 없고 하루 종일 서서 일하기 때문에 힘이 들고 외부온도가 35℃ 이상 올라가도 햇볕을 피할 만한 그늘이 거의 없다. 긴팔을 입고 선 크림을 바르지만 살이 타들어 가는 것만 같다. 시급제이지만 능력제로도 일을 하기에 중간에 화장실에 가거나 물을 먹기도 힘들다. 그저 입 다물고 포도만 딸뿐이다. 일의 강도를 딸기와 비교하자면 포도는 결코 쉽지가 않다. 딸기 픽킹은 그늘에서 앉아서 하지만 포도는 서서 땡볕에서 일한다. 딸기는 트롤리에 개인 짐을 싣고 다녀 눈치껏 일하는 게 가능하지만, 포도는 물통을 따로 메고 다니는 게 짐만 될 뿐이다. 한마디로 쉽지 않은 일이다. 그나마 다행이라고 할 수 있는 건 우리가

따는 포도는 모두 와인으로 만들어진다는 것이다. 포도가 손상되어도 문제될 게 없다. 어차피 으깨서 즙을 짜내야 하니 일하면서 포도를 바구니에 던져서 딴다. 만일 우리가 마트에서 파는 포도를 딴다고 생각한다면 절대 그렇게 할 수 없을 것.

그리고 포도나무는 가시가 없다. 크게 다칠 위험이 없다는 얘기다. 물론 급하게 따느라 가위로 자신의 손가락을 베이는 사람이 많긴 하지만 몇 번 하다 보면 요령이 생기게 마련이다. 아무리 생각해도 포도 픽킹에서 가장 큰 문제가 되는 것은 역시 날씨인 것 같다. 비가 오면 일이 없고, 온도가 40℃ 이상 올라가도 일을 멈추는 일이 없다. 정말 그럴 때면 돈이고 뭐고 일을 하지 않을 게 좋을 것 같다는 생각도 한다. 하지만 멈추지 않고 계속 간다.

픽킹을 하면서 'Basket Boy'라는 일도 있다. 100% 남자로만 구성되고 힘이 좋아야 한다. 픽커들이 딴 포도를 트랙터로 옮기는 일인데, 쉽게 말하면 짐꾼이다. 계속 무거운 물건을 나르기만 한다. 급여는 시급제로 22$을 받는다. 무척 힘이 들기에 개인적으로 픽킹을 하는 편이 낫다고 본다. 힘쓰는데 자신 있다면 Basket Boy도 나쁘진 않다.

# 출근길에 난 펑크

3월 5일

여느 날과 다름없이 출근을 하려고 집을 나섰다. 시동을 걸고 채 1㎞도 채 달리지 않았는데 펑크가 나고 말았다. 펑크가 난 것은 자동차 구입 7개월 만에 처음 있는 일이다. 하는 수 없이 다시 집으로 차를 천천히 이동했다.

아침 6시가 되지 않은 시간이라서 카센터가 문을 열었을 리도 만무하고 공구도 없어 사실상 포기한 상태이다. 근처에 카센터를 가려면 10㎞는 이동해야 할 것 같았다. 모든 걸 포기하고 아침에 다시 카센터를 방문할 생각으로 잠을 청했다. 그나마 일을 몇 시간 하지도 않는데 펑크가 나서 화가 잔뜩 나 있었다.

오전 9시가 넘어서 집주인이 왔다. 참고로 집주인의 집은 따로 있고 지금 내가 지내고 있는 이곳은 쉐어 하우스로 운영 중이다. 집주인과 소통이 거의 없어 뭐하는 사람인지도 잘 몰랐는데 알고 보니 엔지니어란다. 집에 차량 수리에 필요한 공구도 다 준비되어 있고도, 내 차에는 스페어타이어가 준비되어 있었다. 집주인의 도움으로 우여곡절 끝에 차량의 타이어를 교체할 수 있었다. 조금 불안해 보이긴 했지만 테스트 운전결과 별 다른 이상을 발견하지 못해 천천히 카센터로 차량을 운행했다. 타이어를 보니 마모가 상당히 진행되어 있었고, 펑크를 때우려고 했으나 더 이상의 패치로는 무의미

한 것 같아서 중고 타이어를 펑크 패치 가격으로 싸게 구입할 수 있었다. 그것도 금호 타이어. 정확히 'Made in Korea'였다. 거의 새것과 다름없어 보이는 타이어였다. 오전까지 좋지 않았던 기운이 한 순간 싹 사라지는 기분이었다.

그때 동료에게서 전화가 왔는데 내일 농장이 일이 없어서 쉰단다. 주말을 포함해서 내일까지 5일 연속 쉬는 날이 됐다. 다시 급 우울해졌다. 특별히 할 일도 없고 버는 돈이 없으니, 돈을 쓰는 것도 당연히 망설이게 됐다. 집에 와서 생각해 보니 자전거를 안 탄 지가 꽤 오래된 것 같았다. 근 한 달 넘게 세워두고만 있는 게 미안하기도 하고, 나들이 겸 룸메이트 Yannick과 35㎞ 정도 떨어져 있는 Victor Harbor을 다녀오기로 했다.

가는 것까지는 큰 문제가 없었는데 언덕이 상당해서 오는데 고생 꽤나 했다. 평지가 없는 거의 언덕만 있는 도로였다. 별 다른 건 없는 타운인데 마차로 끄는 트램이 있다기에 보러 갔다. 말을 학대하는 것 같아 별로 보기 좋지 않았다. 'Est. 1894'이라고 하는데 마땅히 내세울 게 없어서 이런 걸로 관광객을 모집하는 것 같았다. 고개만 설레이게 했다.

집으로 돌아온 후 다음에도 또 펑크가 나면 어떻게 해야 할지 대책을 세우기로 했다. 한국이면 보험 회사에 전화 한 통화면 끝나겠지만, 이곳은 정책이 다르다는 이유로 펑크는 취급하지 않는다. 물론 가입하는 방법이 있는데 옵션으로 돈을 더 내야 한다. 자동차 구입 당시 자금이 여유치가 않아서 그것까지는 가입하지 않았었다. 집주인 말로는 렉카를 부르는데 돈이 무지하게 많이 든단다. 반드시 공구를 구입해야 한다는 것.

조금 생각해 보다가 만일의 경우를 대비해서 공구를 구입하기로 했다. 어차피 타이어 교체하는 방법은 알고 있으니, 공구만 있으면 어디서든 간에 내가 타이어 정도는 교체할 수 있을 것 같은 자심감이 생겼다. 다음날 Supercheap Auto를 방문해 리프트와 렌치를 구입했다. 비용은 조금 들었지만 이게 나의 보험이라 생각하니 마음이 든든하긴 했다.

그런데 자꾸만 짐이 늘어나니 부담감이 생기기 시작했다. 나는 살면서 필요한 건 모두 구입하는 스타일인데, 지금까지 개인 이불 베게는 물론이고 전기밥통, 선풍기, 밥그릇, 수저까지 모두 가지고 다닌다. 짐이 한없이 늘어나는데 나중에 한국에 돌아갈 때 모두 어떻게 해야 할지 고민이 된다. 크게 값나가는 물건은 없지만 모두 버릴 수도 없고 다 팔 수도 없을 것만 같다. 벌써 걱정이 되긴 하지만 아직 계획상으로는 1년 이상 더 머물 것 같으니 고민은 그때 가서 해도 될 것. 더 이상 짐을 늘리지만 않으면 될 것 같은데, 살면서 필요한 게 많으니 구입을 해야 한다.

자동차를 운행하면서 아직까지는 문제된 점이 없었는데 만일 타이어가 아니라 다른 데 문제가 생기면 정말 답이 안 나온다. 바로 폐차를 하자니 맘에 걸리고 이동을 하자니 돈이 한없이 깨질 것이고 내가 있는 동안만이라도 도로에서 차가 서지 않기만 바랄 뿐이다. 현재 브레이크와 엔진오일은 교체 주기가 되어서 갈아주고 있는데, 아무래도 차가 오래되니 문제가 많다. 카센터에 갔더니 차량수리비 견적에 1,500\$을 뽑아 왔다. 다 필요 없고 지금 당장 중요한 것만 꼽으니 그렇게 많지 않았다.

　호주는 카센터 가면 중고차를 새 차로 만들 생각으로 견적을 뽑는다. 크게 신경 쓸 필요가 없다. 타이밍 벨트를 언제 갈았는지 몰라 맘에 걸리긴 하지만 교체비용이 상당해서 망설이고 있는 중이다. 만일에 타이밍 벨트가 주행 중 끊어지면 바로 폐차다. 잘못하면 한방에 1,000\$ 이상의 수리비가 나올 수도 있으니!

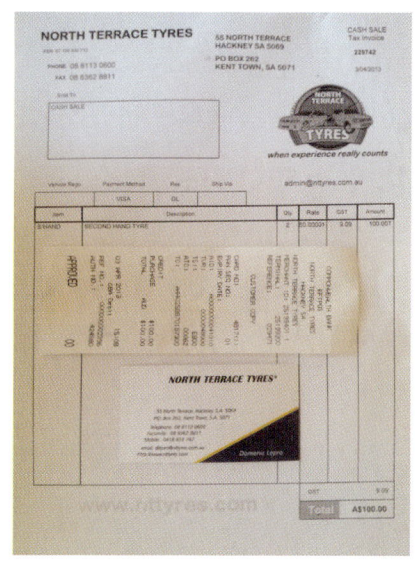

# 실망만 가져다준 포도 피킹

3월 11일

어느덧 포도 피킹을 시작한 지도 한 달이 다 되어 간다. 그동안 특별한 일은 없었지만 일 자체에 문제가 있었다. 일이 너무 드문드문 있다는 것이다. 그래도 딸기는 임금은 적어도 주당 40시간 이상은 일했는데 포도는 그게 아니었다. 여태까지 제일 많이 일한 게 주 30시간 정도다.

지난주에는 2일 출근해서 10시간도 일하지 않았다. 당연히 수입은 얼마 되지 않을 테고 세금을 제외하고 실수령액을 계산해 보니 방값과 식비 휘발유를 채우고 나면 적자가 났다. 저축은 하지 못할망정 통장에서 마이너스가 된 것이다. 답답하기만 했다.

한 달 전 생각해보니 흥분된 마음으로 처음 일하는 택스잡이라고 좋아했지만, 이건 아닌 것 같았다. 앞으로 더 이상 일을 많이 할 기미도 보이지 않았다. 어제는 충격적인 말을 들었는데 이렇게 일하다 2~3주 후면 시즌이 끝난단다. 황당하고 어이가 없을 뿐이다. 결국 한 달 동안 일하면서 번 돈은 거의 없고 먹고살기 바쁜 일만 된 것이다. 6주 동안 대박을 터뜨릴 줄 알았지만 대박은커녕 아무것도 아닌 일이 됐다.

한 달 만에 딸기 컨트렉터에게서 전화가 왔다. 곧 포도 시즌이 끝날 것 같으니 딸기로 돌아올 생각이 없냐고 말이다. 그 자리에서 확

답을 주지 못했다. 사실 돌이켜보면 딸기가 잘 벌 때는 주당 $800까지도 벌었으니…… 최소 500$ 밑으로 떨어진 적이 없었는데 포도로 작물을 바꾸고 나서 500$을 넘긴 적이 한 번밖에 없다. 매일 일해 봤자 3~4시간 정도밖에 일을 안 하고 몰아치기 식으로 일을 끝내다 보니 이런 일이 발생한 것 같다. 막막하기만 하고 실망 외에는 얻은 게 없다. 일을 하면서 가끔 동료들과 해수욕을 했을 뿐, 어디 특별히 여행을 다닌 것도 없고 내가 왜 포도로 넘어왔나 하는 후회감만 가득할 뿐. 당장 다른 일자리를 얻어야 할 것 같았다. 내가 기대한 건 이게 아닌데…… 한 달 동안 무의미한 생활로 시간을 보낸 것 같다. 기억에 남는 것도 없고 어떻게 해서든 곧 다른 일자리를 찾겠지만, 기억에 딱히 남는 것도 없고 실망만 가져다준 포도 픽킹이었다.

# BBQ Party

3월 15일

현재 머물고 있는 이곳 McLaren Vale는 호주에서 두 번째로 유명한 포도 생산지이다. 차를 타고 돌아도 끝이 보이지 않을 정도로 포도밭이 많고, 이렇게 유명해진 지도 150년이 넘은 역사가 깊은 곳이다.

포도 픽킹이 시작된 지도 이제 한 달이 넘었고, 같이 일하는 동료들도 거의 매일 얼굴을 보다시피 하니 많이 친해지기도 했다. 매년 작으나마 파티를 진행하는데 포도 픽커들과 생산자들의 모임이다. 대략 150명 정도가 참가한 것 같다. 공원에서 BBQ 파티가 진행되는데 픽커들이 딴 포도로 만든 와인을 마음껏 마실 수 있는 기회다.

사실 나는 포도주를 그다지 좋아하지 않는다. 무슨 맛으로 먹는지 모르겠고 이곳 와이너리에서 만든 포도주도 여러 번 마셔봤는데, 그 맛이 그 맛 같고 차이점을 모르겠다. 쓴 약을 먹는 기분이랄까. 5시부터 시작된 파티는 9시가 넘어서야 끝이 났다. 그동안 일만 하느라 사람들과 어울릴 기회가 많이 있진 않았다.

호주에서의 노동시간은 딱 일만 한다. 여태껏 호주에서 일하면서 전화를 받는 사람을 단 한 번도 본적이 없다. 잡담도 허용되지 않는다. 무조건 일하는 시간은 일만! 쉬는 시간은 당연히 급여에서 제외되고, 모든 것이 철두철미하게 진행된다. 그러니 의사소통이 있을

리가 없다. 시급제라고는 하지만 능력제와 혼용하기 때문에 서로 말하는 것을 꺼리고 한 송이라도 더 따려고 말을 삼간다.

지금 내가 있는 이곳은 고용인이 좋은 사람이라 워커들에게 크게 잔소리를 하지 않는데, 지금 생각하면 딸기 쉐드에서 일할 때 몇 번 경고를 주더니 자기가 맘에 들지 않으니 픽킹으로 내 보낸 것 같다. 이곳의 일은 그렇다. 일하는 시간은 집중해서 일만!

파티라고 해서 특별한 것 없었다. 먹고 마시고 담소 나누고. 그렇게 포도 시즌도 저물어 가는 것 같았다.

## 이태리 소녀의 유혹

3월 22일

포도농장에서 일하는 워커들의 90% 이상은 커플이다. 내게 유독 관심을 보이는 한 여자가 있었는데, 이탈리아 남부에서 온 Mariapaola가 그녀다. 그녀 역시 이탈리아에서부터 함께 온 남자 친구가 있었다. 함께 일하면서 알게 된 커플인데, 쉬는 시간이나 일을 마친 후 함께 짧은 여행을 함께한 친구이다.

그런데 언제부턴가 그녀가 나를 은근히 유혹하기 시작했다. 나 혼자만의 생각일지도 모르겠는데, 자기 남자친구가 바로 옆에 있는데 내게 팔짱을 끼거나, 내가 그립다고 말하거나 그런 야릇한 행동을 취하기 시작했다. 나이도 23살로 어린 편이었다.

서양 여자들에게 관심이 없는 건 아니었는데 이상하게도 Maria는 일하는 내내 편한 친구 이상으로 느껴지지 않았다. 내가 한국에서 혼자 호주에 오고, 모든 것을 홀로 행하는 것을 알고 내게 '용감하다, 멋있다' 등등 각종 수식어를 붙여서 내게 말하곤 했다. 사실 그런 그녀가 무척이나 부담스러웠다. 따로 1:1로 만나지는 않았지만 바로 옆에 자기 남자친구를 두고 내게 이런 행동을 취하는 건 좀 아닌 것 같았다. 원래 유럽 성향이 그런 건지 아니면 그녀만 그런 건지는 모르겠지만, 웃어넘길 수 있는 해프닝으로 끝나길 바랐다. 사실 그녀가 여자로 보이지 않았고 내 취향도 아니었기 때문일지도 모르겠다.

# 포도 픽킹 끝

짧은 시간이었지만 부활절을 계기로 시즌이 끝났다. 사실 완전히 끝난 건 아니고 다음주에 2~3번 더 픽킹이 남아 있지만 곧 시티 부근으로 이사를 할 생각이어서 일하러 갈 생각이 없다. 이제 다른 일 찾기에 전념할 것이다.

내일 금요일부터 4일간의 호주 부활절 휴가가 시작된다. 우리나라에서는 부활절이 그다지 유명하지 않고 종교를 가지지 않은 나에게는 알지도 못하고 그냥 지나치는 날이지만, 호주에서 부활절은 거의 명절 분위기다. 부활절 시작 한 달 전부터 대형마트에서 기념 세일을 하고 주유소도 기름을 할인 판매한다. 대부분의 상점들이 문을 닫아 도로는 한산한 분위기다.

일자리를 알아봐야 하는데 쉽지가 않았다. 그 전부터 시즌이 끝난다는 얘기를 듣고 알아보고는 있었지만 계절이 점점 겨울로 치닫고 특히 이곳 애들레이드에는 더 일자리 찾기가 쉽지 않다. 농장이 힘들다지만 5달이 넘는 농장 생활로 인해 이미 나는 농부 체질로 변해갔고 또 다른 농장을 찾아보기 시작했지만 마땅히 내가 갈 수 있는 곳이 없었다. 부근에 양파, 고구마, 토마토 농장이 있다는 소문에 직접 찾아가서 이력서를 냈지만 답장이 없다. 왠지 내 워홀 생활도 겨울로 접어 들어가는 분위기였다.

다시 도살장을 찾아가 볼까 생각도 해봤지만 다시 손에 피를 묻히고 싶지는 않았다. 수소문을 해 오지 직업소개소를 찾아가 봤다. 농장 일자리는 하나도 없고 공장도 워킹홀리데이 비자가 갈 수 있는 곳이 없었다. 워홀비자라는 말을 하자, 에이전시 주소가 적힌 종이를 한 장 주더니 기대하지는 말라는 말뿐이다. 역시 무리인 것 같았다.

그렇다고 희망을 버릴 순 없었다. 검트리와 구글등 각종 매체를 통해 컨트렉터에게 연락을 해봤지만 아예 답장조차 오지 않는 경우가 태반이다. 점점 절망의 늪으로 빠져드는 분위기다. 아무래도 다음주부터 당장 일자리를 구하지 못하면 백수로 지낼 가능성이 높아진다. 물론 내가 눈높이를 낮추면 얼마든지 일자리를 찾을 수 있긴 하다하다. 최저임금도 주지 않는 한인 고용주 밑에서 말이다. 하지만 그렇게 일할 바에는 차라리 일을 하지 않는 게 나을 것 같았다.

포도를 하면서 대략 시급 22$ 정도를 받은 것 같은데 한인 밑에서 일하면 그것에 절반밖에 받지 못하니 말이다. 한인 커뮤니티인 '애들레이드 포커스'에서 리조트에서 일할 사람을 찾는 광고가 올라온 적이 있다. 언뜻 봐도 직업소개소에서 올린 글인 것 같았지만 호기심에 한번 연락해 봤다. 두 명을 구하는데 시급도 20$ 정도로 나쁘지 않고 주당 30~35시간 일하는 나쁘지 않은 조건이었다. 궁금한 점을 몇 가지를 물어보니, 다 마음에 들었고 괜찮은 일자리라는 생각이 들었다.

마지막으로 소개비를 물어봤다. 원래는 1,000$인데 700$로 할인을 해주겠단다. 순간 찬물을 확 끼얹은 것 같은 느낌이 들었다. 일자리 소개시켜주는데 700$. 한국 돈으로 80만 원은 넘게 줘야한다.

솔직히 나는 100~200$ 정도를 생각하고 있었다. 지금 포도를 하면서 700$을 벌려면 보름동안 일한 급여를 갖다 줘야 하는데, 어이가 없을 뿐이었다. 예전에 호주에 처음 왔을 때 500$에 일년동안 일자리를 보장해 주는 Agency가 있었는데, 그것도 비싸다고 생각했었다. 그런데 직업 한 개에 700$이라니……

참고로 오지 직업소개소는 수수료 따위는 아예 받지도 않는다. 이래서 한국인들이 또 한 번 욕을 먹는다. 당연히 다른 일자리를 알아봐야 한다. 조금만 더 있으면 애들레이드에 온 지도 6개월째 접어든다. 괜찮은 일자리를 더 찾아봐야겠지만, 지역 이동을 하는 것도 생각해 봐야 할 것 같다. 여기 애들레이드에는 일자리 구하기가 다른 주보다 결코 쉬운 곳은 아니다.

# 05

# 방황, 그리고 태스매니아

다음 도착지는 South Australia에서 두 번째 도시인 MountGambier
라는 곳인데 Blue lake 호수와 Sink hole은 꽤나 흥미로운 곳이다.
말 그대로 Blue lake는 물의 색이 정말 파랗다 못해
물감을 풀어놓은 듯한 진한 파랑색이다.
여름에는 파랑색으로, 겨울에는 회색빛으로 변한다고 한다.

# 카지노

4월 6일

무척이나 심심한 주말이다. 특별히 여기서 친구라고 할 만한 사람도 없고 할 일도 없다. 그저 아까운 시간만 보낼 뿐이다. 전에 한 번 캥거루 섬을 가보고 싶어서 한인 커뮤니티에 글을 올린 적이 있는데 이것도 상대방 측에서 펑크를 냈다. 참으로 답 안 나오는 사람들이다.

예전에 누군가에게 카지노 얘기를 들어본 적이 있다. 음료수를 공짜로 준다는 말도 들었고, 돈을 땄네 잃었네 하는 말들도 참으로 많이 들었다. 참고로 나는 이런 거에 관심이 전혀 없는 사람이다. 그런데 해도 해도 너무 지루했다. 어디 나갈 곳도 없고! 일자리 찾아 매일 이력서를 돌리지만 연락 하나 없고! 답은 안 나오고!

이때 문득 카지노가 생각났다. 시티 근처로 이사를 오고 난 후, 한 번도 시티에 나가지 않았다. 꼭 가야 할 이유도 없었거니와 그곳에서 내가 할 일이 없었기 때문이었다. 무슨 생각이었을까? 카지노를 가기로 결심했을 때…….

이른 밤에 나갔는데 한산했다. 7시가 넘었는데도 그다지 사람이 많아 보이지 않았다. 여기 저기 구경하다가 어디선가 이름만 들어본 바카라, 블랙잭이 눈에 띄었다. 보통 10~50$ 정도 내고 게임을 하는데 규칙을 몰라서 그런지 재미가 없었다. 처음 접해 보는데 알 리가 없었다. 그저 신기하게 구경만 할 뿐.

또 돌아다니다가 2층에 다양한 슬롯머신이 보였다. 자세히 기계를 들여다보니 1$로 할 수 있는 게임이었다. 그 위에 1C, 2C라고 써져 있기도 한데, 알고 보니 C는 Cent를 의미했다. 1$=100Cents를 의미하므로 100번의 기회가 있다는 말이다. 아무 기계나 앉아서 1$를 넣고 시작 버튼을 눌렀다. 한 번 그림이 맞지 않을 때마다 1Cent씩 돈이 떨어지는 게 보였다. 꼭 1Cent가 아니라 10, 20, 50Cent 여러 가지 조건이 있었다. 50C로 맞추고 1$를 넣으면 두 번밖에 슬롯머신이 돌아가지 않는다. 두 번 다 그림이 안 맞으면 10초 안에 게임이 끝난다.

나는 무조건 1C로 맞추고 게임을 하기 시작했다. 100바퀴를 돌려서 비슷한 그림 몇 개가 맞으면 이기는 건데, 참으로 재미가 없었다. 100번을 돌리면 5~6번 정도는 비슷한 그림이 걸리는데 1C로 해서 그런지 얻는 금액이 많아 봤자 10Cent 정도였다. 간에 기별도 안 간다. 옆에 사람들 하는 것을 보니 동전을 한꺼번에 잔뜩 넣고 기본 25C로 맞추고 돌리는 것 같았다. 처음이고 그렇게 하면 간 떨릴 것 같기에 5C까지는 해봤지만 더 이상은 하지 않았다. 기계를 바꿔서 해도 역시나 마찬가지. 1$을 넣어도 길어 봤자 10분을 가지 못한다.

두 시간 동안 구경도 하면서 10$ 정도 쓴 것 같다. 몇 번 하다 보니 허무하고 도저히 이길 수 없는 기계라는 생각이 들었지만 시간이 지날수록 카지노에 사람은 늘어만 갔다.

9시가 넘으니 악단이 와서 무대 연주를 하고 카페에서 무명 가수로 보이는 사람이 노래도 부르는 모습이 보였다. 사실 무명인지 유명인인지 내가 알 리가 없다. 호주에서 텔레비전을 거의 보지 않아 누가 유명하고 안 유명한지를 알 리가 없다. 그다지 재미는 없었고 신선한 경험이긴 했지만 유쾌하지는 않았다.

카지노를 떠나면서 '이걸 왜 하나'라는 생각이 많이 들었으니 말이다. 정말 심심하면 한 번 정도 가보는 것도 괜찮다고 생각은 한다. 한국에서는 강원랜드가 대 유행이라는데 어디나 사행 사업은 비슷한 것 같다. 많은 워홀 청년들이 호주 카지노에서 돈을 잃는다고 한다. 어떤 사람은 1년 동안 일해 번 돈을 카지노에서 다 날리고 비행기 표값도 없어 한국에서 표를 구해 겨우 한국으로 돌아갔다는 청년도 보았다.

카지노는 당연히 돈을 잃을 수밖에 없는 구조다. 물론 가끔씩 한방에 1,000$ 이상을 따는 사람도 있긴 하다. 그런 것을 바라고 오는 워홀러는 없을 거라 생각한다. 현명하게 생각하라. 카지노는 합법이지만 도박이고, 당신이 절대 이길 수 있는 그런 게임이 아니라는 것을.

# 결전의 날

이곳저곳 일자리를 찾으러 수십여 곳을 찾아다니고 이력서를 넣었지만 연락이 오는 곳은 단 한 곳도 없었다. 이력서를 넣고 일주일 정도 지났으니 사실상 연락은 끊긴 셈이다. 이제 정말 지역 이동을 해야 할 때가 왔다.

퍼스를 향해 가고 싶었지만 거리가 너무 멀었다. 대략 2,500㎞. 문제는 퍼스를 가더라도 또 다시 지역 이동을 할 때는 애들레이드를 지나 멜번이나 시드니 쪽으로 갈 텐데 그렇게 하면 4,000㎞정도의 거리가 추가된다. 너무 고립된 도시라 한번 이동하면 빠져나오기가 무척 힘들 것으로 판단됐다. 퀸즐랜드에서 농장시즌이 시작돼 그쪽으로 이동을 할까도 생각했지만 역시 거리상 2,000㎞가 넘는다.

결국 내가 선택한곳은 태즈매니아. 아무런 정보도 없고 한인도 많지 않은 지역에다가 한인 컨트렉터가 없으니 당연히 시급을 떼일 리도 없다. 단, 일자리 구하기가 쉽지는 않아 보인다. 차를 팔고 비행기로 이동할 수는 없어 배편을 알아봐야 했다. 여기서 몰랐던 점 한 가지는 당장 내일 탈 배를 예약하려면 가격이 상당히 비싸다는 것이다. 최소 일주일전에 예약을 하는 것이 가격 면에서 저렴할 수 있다. 나 역시 당장 내일 배를 알아봤지만 가격이 너무 높아 3일간의 여유를 두고 예약을 하기로 했다. 목요일 저녁에 배를 타고 금요일 아침에 도착하는 여정이다. 뱃길로 거리가 약 450㎞정도. 애들레이드에서 멜번까지는 내륙 고속도로를 이용하면 800㎞정도가 나오지만, 이미 한 번 경험을 해봤기에 해안도로를 이용하기로 했다. 거리상 약 20%가 추가되는데 여유를 두고 하루 정도 먼저 출발해 그동안 못했던 짧은 여행을 즐기기로 했다. 이제 거의 모든 것을 결정됐고 떠날 준비만이 남았다. 비록 6개월이지만 짧지 않은 시간이었고 정들었지만 떠나야한다.

멜번까지 그리고 태즈매니아에서 이동거리를 고려해 차량을 점검받아야 할 것 같았다. 이틀에 걸쳐 1,000㎞를 넘게 달릴 예정이니 오래된 차에 무리가 올 것으로 예상됐고, 중간에 차가 멈추면 상당히 난감한 상황이 발생하니 만반의 준비가 필요하다. 카센터에 가서 점검을 받았는데 대부분의 파트들이 양호한 편이고 타이밍 벨트를 갈아야 했다. 자동차 소모품 중 가장 비싼 것 중 하나가 타이밍 벨트인데 주저하지 않고 교체를 했다. 자동차 구입 후 유지비용으로 가장 큰 비용이 든 것 같다. 차량가의 30%가 나왔는데 주행 중 타이밍 벨트가 끊어지면 뒤돌아볼 것 없이 폐차해야 했기에 나중에 되팔 때를 생각해서라도 교체하는 편이 맞는다고 생각됐다.

태즈매니아에 가기 전에 몇 가지 일자리 정보를 알아봐야 했지만 아직 시간이 남았고, 만일 지금 자리가 있더라도 연락하고 갈 방법이 없기에 현지에서 찾는 편이 나을 것 같았다. 당장 내가 할 수 있는 일이 없었다. 그저 예약한 날을 기다리는 수밖에.

# 다시 멜번을 향해

해가 뜨기 전에 일찍 일어났다. 6시 전에 출발해서 부지런히 이동해야 오늘의 목적지인 Great Ocean Road에 도착할 수 있다. 구글 지도를 검색해 해안 도로를 따라가다 보면 국립공원이 참 많이 보인다. 물론 그 중에 유명한 곳은 없었지만 어차피 가는 길목이고 시간적으로 바쁜 일도 없었기에 모두 둘러보기로 했다.

처음 들른 곳은 Coorong National Park인데, 그저 안내 표지판만 하나 있을 뿐 사람도 없고 특별한 것은 없었다. 다만 차에서 내리자마자 이제 막 부화했는지 수만 마리의 하루살이 떼들만 가득했다. 차에서 내리기조차 힘들 정도로 뿌옇게 가로막는 벌레떼 덕분에 바로 차에 타고 이동을 계속했다.

다음으로 도착한 곳은 Calenda National Park. 이곳은 표지판이 잘 보이지도 않아 찾기도 힘들다. 역시나 사람 한 명 없고 일반 해안가와 크게 다를 게 없었다. 호주 정부는 무슨 기준으로 국립공원을 지정하는지 모르겠지만 산과 바다만 있으면 중간마다 전부 국립공원이라는 이름을 붙이는 것 같았다. 역시 이곳도 도착 5분도 안 돼 이동을 계속해갔다.

다음 도착지는 South Australia에서 두 번째 도시인 Mount Gambier라는 곳인데 두 번째 도시라고는 하지만 크지 않아 보였다. 하지만 꽤나 흥미로운 곳이 두 곳이나 있었다. Blue Lake라는 호수와 Sink Hole이다. 말 그대로 Blue Lake는 호수인데 물의 색이 정말 파랗다 못해 물감을 풀어놓은 듯한 진한 파랑색이다. 처음 보는 광경이라 감탄할 수밖에 없었다. 여름에는 파랑색으로, 겨울에는 회색빛으로 변한다고 한다.

주변에 주차를 해놓고 주변을 둘러보는 사람도 많았다. 퍼스 쪽으로 향하다 보면 Pink Lake라는 곳이 있다고 한다. 이곳은 물의 색이 분홍색으로 보인다고 해서 붙여진 이름인데 직접 가보지는 않았지만 네이버 인기 검색어에도 있다. 물의 색이 이러한 이유에는 여러 가지 원인이 있을 것으로 추정되지만, 정확한 원인이 무엇인지에 대해서는 아무도 모른다고 한다. 한국에서는 볼 수 없고 호수의 크기 또한 작은 편이 아니기에 더욱 놀랄 수밖에 없었다.

Blue Lake에서 멀리 떨어지지 않은 곳에 Sink Hole이 있다고 해서 가봤다. 국내에서도 Sink Hole이 문제가 된 적이 있었고, 해외 뉴스를 봐도 종종 도로가 무너져 Sink Hole이 만들어졌다는 기사가 나오곤 한다. 이곳에 있는 Sink Hole은 언제 만들어졌는지 알 수 없을 정도로 오래된 곳인데 아름다운 정원으로 재개발을 해 놨다. 그다지 크지 않은 곳이었지만, 작은 폭포와 동굴 층층 계단으로 꽃단장을 해 정말 아름다움의 극치를 보여주는 곳이었다.

한참을 머무르다 어느새 벌써 어두워지기 시작했다. 다시 이동을 시작했다. 아직 목적지까지 도착하려면 200km이상이 남았다. Mount

호주 워킹홀리데이

방황, 그리고 태즈매니아

Gambier는 Victory State와 경계를 이루는 도시이다 보니 도시를 빠져나가자 곧 Victory State에 닿을 수 있었다. 하지만 경계도시 사이에는 거대한 숲만이 존재할 뿐 사람의 흔적은 찾기 들었다. 땅이 워낙 크다 보니 개발이 안 된 곳이 대부분이다. 어둠은 빠르게 찾아왔고 예약을 해둔 Backpackers Reception이 문을 닫지는 않을까 걱정이 됐다. 아직 오후 6시밖에 되지 않았지만 어둠은 짙게 내려 앉아 있다.

두 시간을 넘게 달려 예약해둔 숙소에 도착했고 무사히 방에 들어갈 수 있었다. Great Ocean Road는 멜번에서 멀지 않아 당일치기로 오는 사람이 대부분이다. 그래서 그런지 사람이 거의 없었다. 가격이 저렴한 4인실로 예약하고 갔는데, 방에 사람이 없어 운 좋게 독방을 차지할 수 있었다. 오늘 이동한 거리만 대략 800㎞가 넘는다. 중간에 쉬는 시간이 많았는데 나도 그렇고 차에도 무리를 주고 싶지는 않았다. 밖이 어두워 이동 내내 아무것도 볼 수 없었다. 시티 부근이 아니면 호주는 도로에 가로등을 놓지 않기 때문이다.

오늘은 이만하고 내일 일찍 일어나 그 유명한 12사도를 보러 갈 것이다.

# 태즈매니아로의 여행

체크아웃을 하고 바로 12사도를 보기 위해 떠났다. 호주에 오기 전부터 몇 가지 호주에 대한 여행 정보를 수집하면서 알게 된 것 중 하나가 12사도이다.

하지만 12사도는 큰 기대와 함께 내게 큰 실망을 안겨주었다. 정말 사진에 있는 것이 전부이고 특별할 것은 없었다. 평일이라 관광객도 그다지 많지 않았고, 바다에 떠있는 거대한 돌 조각상 정도로 표현할 수 있겠다. 그 외에 아치 다리, 런던 브리지, 캠벨포트 공원을 둘러봤지만 역시 그래도 그나마 괜찮았던 건 12사도상이었다. 사진을 잘 찍어 놔 오히려 직접 가는 것보다 사진으로 먼저 만나는 것이 더 나을 수도 있겠다.

해안 도로를 따라 다시 멜번 포트로 이동을 시작했다. 오히려 12사도보다 멜번으로 향하는 도로가 더 멋있는 것 같다. 도로 바로 옆에 붙어 수십㎞에 이어진 수평선을 보고 있으면 운전하는 내내 지겹지도 않고 마음까지 평화로워지는 것 같다. 7시 30분에 출항하는 배인데 5시부터 차를 싣기 때문에 그 시간에는 들어가야 했다.

5시가 조금 넘어 멜번에 도착했는데, 이미 차들이 길게 줄지어 체크인을 하고 있었다. 바로 항구로 이동해 줄을 섰고 위험한 물건 소지 여부를 확인했다. 과일과 채소 등도 가져갈 수 없었다. 검색이 그다지 까다롭진 않아보였다. 티켓을 받는 곳이 따로 있을 줄 알았는데 체크인을 하는 곳에서 여권을 보여주니 바로 티켓을 받았다.

배는 10층까지 있었는데 6층에 주차를 했다. 내가 밤새 머물 곳은 방이 아니라 Ocean Recliner 의자였다. 가격이 가장 저렴했는데 약 150$를 지불한 것 같다. 오히려 비행기가 더 싸지만 차를 가지고 가야 하기에 어쩔 수 없는 선택이었다. 배에 동양인은 거의 없었고 대부분의 승객은 현지인들로 보였는데 Ocean Recliner에는 사람들이 거의 없었다. 가격은 가장 싸지만 대부분 방에서 숙박을 하는 것 같았다. 몇몇 중국인들과 허름한 옷차림의 현지인들만이 있을 뿐이었다. 덕분에 옆에 있는 의자에 짐을 놓고 편안한 여행을 할 수 있었다.

아침 6시가 되자 배는 Devonport에 도착했고, 나도 나갈 채비를 했다. 문제가 하나 있었는데 너무 이른 시간에 도착해 할 일이 없었다는 점이다. 전날 깜빡하고 숙소를 예약하지 못했고, 도서관이나 인포메이션 센터도 문을 열지 않았다. 9시까지 기다리다 인포메이션 센터에 들러 숙소를 찾고 도서관도 찾았지만 또 한 가지 문제가 생겼다. 오래된 노트북이 고장이 났고 핸드폰은 방전돼 길을 찾을 수가 없었다. 노트북을 새로 사러 근처 전자 상가에 갔지만 내가 원하는 모델이 없었다. 결국 조금 더 큰 도시로 이동을 하기로 하고 Launceston 으로 이동했다. 단지 노트북을 구입하기 위해.

Launceston에 도착해 노트북을 새로 구입하고 숙소도 잡았다. 3일을 예약했는데 또 악재가 발생했다. 도착하자마자 되는 일이 하나도 없는 태즈매니아의 생활이다. 금요일 날 방을 잡고 토요일에 Wife를 이용하기 위해 도서관을 찾았지만 Launceston에서의 유일한 도서관이 정전이라 휴일이 됐다. 결국 도착한 금요일, 토요일, 일요일까지 시간을 허비하게 생겼다. 일자리를 구하기 위해선 인터넷이 필수인데 문제가 발생한 것이다. 물론 핸드폰으로 인터넷을 할 수 있었지만 속도 면에서 많이 힘들었다. 몇 곳 일자리를 알아보긴 했지만 따로 연락이 오는 곳은 없었다. Backpackers들은 많고 일자리는 한정되어 있다. 또 다시 애들레이드처럼 일자리를 구하지 못하면 어떻게 해야 하는지 두려움이 오기 시작했다. 큰 부담을 가지지 않고 태즈매니아에 왔지만 일은 하지 않고 여행만 하다 갈지가 걱정됐다. 물론 여행 자체가 나쁘진 않지만 어느 정도의 자금이 필요했다.

뭘 어디서 어떻게 시작해야 할지 종잡을 수가 없었다. 온 지 얼마 안 돼 조금 시간을 두고 지켜봐야 하겠지만 초반부터 쉽지 않은 시작이다. 벌써 태즈매니아의 생활이 걱정이 되기 시작했다.

호주 워킹홀리데이

209

# 섬에서 몸 파는 코리안 걸

호주 온 지도 이제 11개월. 여러 대도시를 거쳐서 현지 신문을 보면 광고란에 매춘 광고가 있음을 쉽게 볼 수 있다. 대부분 한국, 중국, 일본의 아시안 여성들이다. 시드니나 멜번의 경우는 아예 유흥업소가 있고 구직광고도 자주 올라온다.

하지만 이곳 태즈매니아의 섬까지, 그것도 주도도 아닌 도시에서 코리안걸 매춘 광고를 볼 줄은 몰랐다. 어디를 가나 한국인 없는 곳은 없다지만 부끄럽게도 사람이 그다지 많지 않은 섬까지 와서 몸 파는 워홀들이 있을지는 몰랐다.

정확히 말하면 워홀로 온 친구들인지 아니면 다른 경로를 통해 온 사람인지는 모르겠지만, 광고에 'Korea girl' 문구가 자주 등장한다는 것이다. 인터넷을 통해 보면 사진까지도 볼 수 있다. 무슨 생각인지, 한국에서 얼굴 팔리는 게 창피하고, 아무래도 이곳에서 임금이 더 높다 보니 여기서 매춘 행위를 하는 건지 모르겠는데 같은 한국인으로서 창피해서 어쩔 줄을 모르겠다.

처음부터 목적을 두고 이렇게 온 것인지. 아니면 워홀 생활 중 쉽게 돈의 유혹에 빠져 화류계로 빠진 건지. 내가 신경 쓸 일은 아니지만, 그래도 같은 한국인으로 심히 신경 쓰인다. 절대 이런 일은 하지 말지어다. 나라망신이다.

## 한 달째 구직 생활 중

기나긴 기다림의 시기가 왔다. 무작정 대기. 벌써 태즈매니아에 온 지 일주일이다. 수소문해 농장과 공장, 시티잡 등 가리지 않고 이력서를 넣었건만 깜깜 무소식이다.

블로그에 올라온 글들을 참고하니 빠르면 일주일, 길면 두 달이 넘도록 연락이 안 온단다. 여태껏 본토에서의 경험을 생각하자면, 이력서를 넣어서 연락이 온 곳은 단 한 곳도 없다. 이력서가 잘못된 건지 아니면 동양인을 취급하지 않는 건지, 워홀 비자를 가지고 일할 수 있는 곳은 모두 지원해 봤지만, 연락이 오지 않으니 답답할 따름이다. 게다가 언제까지 기다려야 하는지 알 길도 없다. 말 그대로 무작정 대기해야만 한다.

쉬는 동안 버는 돈이 없으니 돈을 쓰기도 힘들다. 론체스턴을 지나 호바트까지 왔건만 내가 지난 시간 동안 무엇을 했는지 알 수 없다. 앞이 보이지 않을 정도로 긴 어둠의 터널을 지나가야 하는 기분이다. 내 능력으로는 할 수 있을 만큼 다 한 것 같은데 이제 모든 것은 하늘에 맡겨야 하는 시기가 왔다.

덕분에 조금씩 여행을 다니고 있긴 하지만 마음이 편하지 않다. 혼자 하는 여행도 이제 어디를 가도 그게 그것 같고, 오래된 유적지라 해도 거대한 돌멩이로밖에 보이지 않는다. 시련의 시기가 온 것 같은데 이럴 때면 정말 힘들어진다. 그동안 벌어 놓은 얼마 안 되는 돈 가지고 살고 있기는 한데 이 돈마저 바닥나면 그때는 답 안 나오는 거다.

기다리는 동안 WWOOF를 생각도 해봤지만 언제 연락이 올지 알 수 없고, 연락이 온다면 바로 WWOOF를 그만두고 다른 일자리로 출근하기도 미안한 노릇이다. 조금 더 기다려봐야겠다. 너무 오래 기다리지는 않겠지만 앞이 보이지 않는다. 이제 겨우 일주일. 짧은 시간이라지만 해 볼 수 있는 건 다 해봤다.

가장 큰 실수는 태즈매니아에 아무런 정보도 없이 온 것이다. 도착 후 안 사실은 4월말이면 모든 시즌이 끝난다는 것. 호주 직업소개소도 찾아가 봤지만 모든 시즌이 끝나 시티잡을 추천해 주는데, 검트리를 통해 구직 활동 중이지만 연락이 없다. 최대 보름 정보만 더 기다린 후, 이도 저도 아니면 다시 이동이다.

매주 화요일은 피자데이! 도미노 피자에서는 매주 화요일이면 L사이즈 피자를 5.9$이면 맛볼 수 있다. 대부분의 호주 물가가 비싸지만 피자만큼은 무척 저렴하다. 우리나라에서 피자는 외식 개념이지만 호주에서 피자는 한 끼의 식사라고 생각할 수 있겠다.

# 태즈매니아 여행

아무것도 하는 일 없이 지나가는 하루는 무의미하고 지루하기만 하다. 백팩커에 누워서 이력서를 작성하는 것도, 하루 종일 컴퓨터와 씨름하는 것도, 시체 놀이도 이젠 그만!

무엇을 하든지 간에 일단 나가기로 했다. 현재 수입이 없으니 당연히 지출이 나가기가 무섭긴 한데, 이렇게 마냥 하루를 지낼 수는 없었다. 다시 여행의 시작이다.

4일 동안 Mt Willington, Richmond, Mt Field National Park, Port Arthur, Bruny Island를 여행했다. Mt Willington은 호바트 시내를 한눈에 내려다 볼 수 있는 일종의 산꼭대기 전망대이다. 시내에서 차로 20분이면 갈 수 있어 호바트 시민들이 자주 찾는 곳이기도 하다. 내가 갔던 날은 비바람이 너무 거세 한 치 앞을 내다볼 수 없었다. 처음부터 그랬던 것은 아닌데 산 정상에 오르니 아무것도 할 수 없어 다시 내려오고 말았다.

하지만 하산하니 다시 날씨는 맑아졌다. 태즈매니아의 날씨도 멜번과 크게 다르지 않은 것 같다. 변화무쌍한 날씨에 어떻게 준비를 해야 하는지 모르겠다. 이런 날을 별로 좋아하진 않은데 어떡하리. 내 맘대로 조절할 수 있는 것도 아니고……

Richmond 역시 호바트에서 그리 멀리 떨어져 있지 않은 작은 마을인데 이곳에 호주에서 가장 오래된 다리, 성당, 감옥이 있다. 별로 특별할건 없는 마을이었다. 하필 내가 간 날, 그 근처에 산불이 났다. 온통 매캐한 연기가 자욱해서 눈뜨기조차 힘겨웠다. 작은 수용소가 이곳에 있는데, 인터넷으로 미리 시간을 확인하고 갔건만 문은 닫혀 있었다. 어제에 이어 날씨 환경까지 따라주지 않는다. 태즈매니아와의 인연이 아닌 것 같다는 생각이 문득 들었다. 하지만 다음 주부터 이곳에서 나의 일과가 시작되는 인연을 맺는다. 물론 그 당시에는 알 수 없었다.

Mt Field National Park는 비교적 호바트에서 가까운 국립공원이다. 태즈매니아에만 국립공원이 19개가 있는데, 그중 하나로 주도와 근접해 있어 많은 이들이 찾는다. 아침 일찍 가서 해가 질 때까지 등

산을 했는데, 오랜만에 산에 올라서 그런지 무척이나 상쾌한 기분을 느낄 수 있었다. 태즈매니아의 모든 국립공원은 입장료를 받는데 충분한 가치를 할 수 있다. 만일 산을 자주 찾는다면 연간 패스를 끊는 것도 효과적이다.

Port Arthur는 태즈매니아에서 가장 유명한 관광지 가운데 하나다. 사실 호바트를 찾는다면 Port Arthur는 꼭 들러 봐야 할 정도로 유명한 곳이긴 한데, 직접 가보니 실속은 없었다. 특히나 원어민이 아닌 이상 호주 역사에 대해 크게 관심도 없을 뿐더러 마치 한국의 노동 당사를 방문한 기분이다. 건물 뼈대만 있고 그 안에는 텅 비어 있거나 박물관처럼 꾸며 놓은 게 전부인데 입장료가 아까울 정도다.

입장료에는 가이드 투어와 크루즈가 포함되어 있는데 가이드 투

어에 한국어는 없고, 크루즈는 주변 섬을 40분 정도 돌아본다. 그나마 배타는 것으로 위안을 얻을 수 있다. 하지만 또다시 나는 시간을 잘못 확인해 배조차 타지 못했다. 눈앞에서 배가 떠나는 모습을 지켜볼 수밖에 없었다.

점점 태즈매니아 생활이 꼬이고 되는 일이 하나도 없다. 기대 이하에, 사람들도 하나둘씩 떠나기에 바로 그곳을 나왔다. 야간에 Ghost Tour라든지 여러 가지 프로그램이 있지만 이미 내 관심사 밖이었다.

다음날 백팩커에서 체크아웃을 하고 무작정 나왔다. Bruny Island에 가기 위해서였다. 이곳은 호주에서 가장 남쪽에 있는 섬이다. 우리나라와 비교하자면 태즈매니아는 제주도, Bruny 섬은 우도에 비교할 수 있을 것 같다. 한국에 있을 때 제주도도 못가 봤는데, 호주에서 이곳까지 내려올지는 몰랐다.

배를 타고 가야 하는데 차를 싣는데 왕복 30$의 요금을 받는다. 뱃길로 편도 15분정도 소요되는 가까운 섬이다. 참고로 이 섬 내에서 대중교통은 당연히 기대할 수 없고, Optus 통신사도 전혀 터지지 않는다. 나는 그 섬에 들어가서야 그 사실을 알 수 있었다.

섬에서 유명한 건 세 가지가 있는데 도로 하나를 기점으로 양쪽 바다를 볼 수 있는 진풍경이 펼쳐진다. 따로 입장료가 있는 것도 아니고 계단으로 5분 정도만 걸으면 바로 볼 수 있다. 다음은 역시 크루즈가 있는데 3시간에 140$ 정도 했던 것 같다. 내게는 꿈과 같은 얘기라서 통과. 마지막으로 산행이 있는데 가장 많이 즐긴 것 같다.

몇몇 코스는 국립공원임에도 불구하고 무료로 입장이 가능하고, 산행을 하면서 Adventure Bay를 거니는데 조금 힘겹긴 하지만 산을 오르다보면 충분히 그 정도의 수고를 감수할 만하다. 왈라비는 어찌나 많던지 산에서만 5~6마리는 본 것 같다.

섬을 둘러보고 역시 하산하니 이미 날이 어두워지기 시작했다. 요즘은 5시만 되면 해가 지기 시작한다. 마땅히 섬을 나간다고 해도 할 일도 없고, 갈 곳도 없다. 억울하지만 현실이니 받아들이는 수밖에. 결국 섬에서 하룻밤을 묵으려고 했는데, 생각해 보니 이곳은 백팩커가 없다. 싱글 룸은 보통 하룻밤에 100\$를 넘어간다. 그 만한 돈을 내고 호텔에서 묵을 이유가 없었다.

주저 없이 캠핑장을 찾아 차 안에서 자기로 했다. 밤새 비가오고 날은 어찌나 춥던지…… . 서럽고 정말 힘들었지만, 호주 정착 초기 때는 버스 터미널에서 노숙한 경험도 있는데 내 차 안에서 잘 수 있다는 것을 감사히 여기기로 생각하려고 했지만 정말 너무 추웠다.

며칠간의 여행을 통해 가장 추천할 만한 곳을 한 가지 말하자면 Bruny Island를 꼽고 싶다. 호주 최남단이라 특별히 다른 풍경이 펼쳐지는 것은 아니지만, 숨겨진 진주 같은 곳이라 평하고 싶다. 하루 종일 등산을 해도 사람 한 명 만나지 못했다. 천혜의 자원, 원시림이 보존되어 있는 태즈매니아의 국립공원도 기회가 된다면 꼭 한 번 가보길 바란다.

# 한 달 만에 구한 일자리

4월 30일

다음날 해가 뜨자 무엇을 해야 할지 순간 방황했지만 호바트를 떠나야할 것 같았다. 더 이상 여기서는 답이 안 나올 것 같았다. 이제 태즈매니아에서의 생활이 2주가 다 되어 간다. 좌절했지만, 마지막 수단으로 지난주에 갔던 한인 슈퍼마켓 사장님이 주신 한국인 컨트렉터 연락처가 생각났다. 여기까지 와서 한인 밑에서 일하고 싶은 생각은 추호도 없었지만, 여행만하고 떠나기에는 억울했다. 울며 겨자 먹기로 연락을 해봤다. 우연찮게 태즈매니아에서 처음으로 긍정적인 답변이 왔다. 확실하진 않지만 일을 구할 수 있을 것 같았다.

그런데 이게 웬일인가! 내가 전화를 한 곳은 한인은 맞지만 컨트렉터는 아니고, 내가 지난주에 이력서를 넣었던 직업소개소 직원이었다. 세상에 이런 우연이 있나. 그 직원의 말로는 어제 오전에 내게 전화를 걸었지만 통화가 되지 않아 기회가 다음 사람에게로 넘어갔단다. 그리고 하는 말이 내일이 될지 모래가 될지 일주일 후가 될지 언제 또 일이 있을지 모른다는 것이었다. 통화가 되지 않은 건 내 잘못이지만 전화를 받지 못해 일자리가 다른 사람에게 넘어간 건 무척이나 아쉬웠다. 긴 상담 끝에 곧 일을 할 수 있을 것이란 확신을 가지게 됐다.

마지막 희망이었던 한인이 컨트렉터가 아닌 호주 직업소개소 직원이란 것을 어떻게 알게 됐고 참으로 황당한 날이었다. 시급도 괜찮았고, 일도 야채 농장이라 그다지 힘들 것 같지는 않았다. 하지만 Call job이었다. 즉, 연락이 있는 날만 출근을 한다. 내일 당장이 어떻게 될지 알 수가 없다.

보통 워킹 홀리데이 메이커들이 하는 일은 대부분 Casual job이다. 한마디로 비정규직 중에서도 임시직이다. 그중에서도 속칭 Call Job은 일이 있는 날에만 출근한다. 물론 매일 일이 있으면 매일 출근하겠지만 대부분 그렇지는 않다.

아는 사람 중에 Western Australia State에서 Call Job으로 일하고 있는 형이 있는데, 청소를 하는데 일주일에 1~2번만 연락이 온단다. 만일 내가 그렇게 된다면 얼마 일하지 못하고 다른 일을 찾겠지만 현재 이곳 농장에서는 3개월 이상 일한 사람이 많고 연중 꾸준히 일이 있는 것을 보면 미래가 부정적이지만은 않을 것 같다.

처음 해보는 야채일이지만 한 달 만에 구직이 성공한 것에 기쁨을 느꼈다. 태즈매니아에서 최고로 기분 좋은 하루였다.

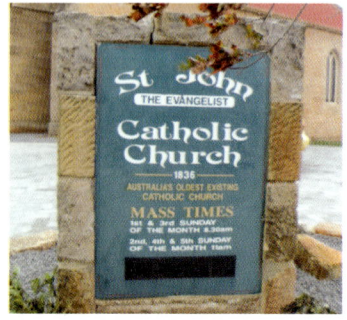

방황, 그리고 태즈매니아

# 상추농장 일 시작

5월 2일

한인 슈퍼마켓에서 얻은 정보로 일자리를 잡았다. 참고로 태즈매니아 주에서 한인마트는 현재 하나밖에 없다. 지난주 목요일부터 일을 시작하긴 했지만 금, 토, 일 모두 일을 하지 못했다. 일이 없었던 것은 아닌데 출근 첫날 일을 못해서 그런 건지 아니면 무슨 문제가 있어서 그런 건지 일하러 나오라는 말이 없었다.

몇몇 다른 워커들에게 물어보니 현재 인원이 만원이라 일을 하기가 힘들단다. 특히 초보자일수록 일하기가 더 힘들다. 마냥 여유를 갖고 즐길 수도 없고 겨우 잡은 기회를 놓칠 수도 없지만, 마땅히 더 이상 노력할 만한 것도 없다. 몸을 숙여 상추를 베는 일이라 일하는 도중 허리에 무리가 많이 간다. 그래도 이 정도 수고쯤이야 충분히 견딜 만하다. 근 1년 동안을 농장 공장에서만 일했는데 이 정도쯤이야 못하겠는가. 칼질을 계속해야 해서 손을 베일 위험이 높지만 개의치 않는다. 실제로 손을 베인 사람도 있긴 한데 조금 베었다고 말할 수는 없다. 손가락이 잘리지 않은 이상. 상추가 아닌 손을 커팅하면 그 다음부터 출근이 어려워진다. 조금 피 본 것은 그냥 넘어가도 무관할 듯하다. 어렵게 얻은 일자리를 잘리고 싶진 않으니.

참고로 호주 직업소개소를 통해 들어오면 소개비 따위는 당연히 없고 노동법에 근거하여 정확하게 일을 한다. 이 농장에서 가장 좋은 점은 남자라고 해서 중량물을 드는 일이 거의 없고, 쉬는 시간까지도 급여에 계산해 준다는 것이다. 거의 대부분의 일자리들이 쉬는 시간 10분까지 급여에서 제하는데 여기는 그런 것은 없는 것 같았다. 그리고 능력제가 아니라 시간제이다 보니 순위를 매겨 사람을 압박하는 일도 없다.

농장에는 여자들이 조금 더 많은 것 같았다. 일반적인 농장인 경우 남자들이 더 많은데, 이 일은 힘쓰는 일이 아니라서 여자들이 더 많은지 아니면 다른 이유가 있는지 알 수 없다. 그리고 유럽 백팩커는 한 명도 없었다. 대부분의 사람이 한국인 그리고 중국인으로 이루어져 있다. 약간의 호주인도 있지만 이들은 트랙터 운전을 맡아서 한다. 호주인이 직접 필드에서 상추를 베는 일은 하지 않는다. 앞으로 일이 어떻게 진행될지 알 수 없으니 불안하기만 한데 지금 뾰족한 방법이 있는 것도 아니고, 계절상 겨울이 진행 중이니 갈 곳도 없다. 호주에서 겨울은 말 그대로 구직활동의 겨울을 의미하는 것 같다.

호주에서 가장 오래된 다리 AD 1823

## 아버지의 전화

### 5월 6일

5월은 호주에 온 지 만 1년째 되는 달이다. 5월말에 호주 땅을 밟았으니 벌써 5월이다. 결코 짧게 느껴지지 않은 워홀 생활이다.

보통 한 달에 3~4번 한국으로 연락을 하는 것 같다. 내가 먼저 할 때도 있고 집에서 연락이 올 때도 있다.

오늘은 아버지로부터 전화가 왔다. 통화를 하면 항상 특별한 얘기는 없다. 그저 안부를 묻는 정도. 그동안의 잠시 여행을 마치고 농장일을 다시 시작한다고 아버지께 말씀드렸더니 아버지의 목소리가 좋지 않아 보였다. 30년간 키워놨더니 호주에서 농사나 짓는다고 말이다. 한국에서 대부분의 사람들이 기피하고 돈이 안 되는 일이 농사인데, 내가 여기서 그런 일을 하고 있다고 하니 많이 서글프셨나 보다. 나는 나름대로 오랜만에 괜찮은 일자리를 구했다고 말씀드린 것이었다.

하긴 집에서 기분이 좋아하지 않을 만도 하다. 대학 졸업하고 외국계 기업에서 남들보다 좋은 조건에서 일하고 그만큼의 보상을 받은 사람이 외국인 노동자 생활을 하고 있으니 말이다. 그것도 3D 직종인 농사일을. 한국에서라면 절대 하지 않을 일이겠지만, 이곳에선 농장이 내 밥줄이다. 호주에 오면 3D 업종도 로맨스가 되는 환상이 생긴다. 만일 한국에서 상추 농장에서 일하고 있다면? 물론 그럴 일은 절대 없다. 하지만 여기서 호주인 밑에서 상추 농장일을 하고 있다면 좋은 일자리를 잡은 셈이다. 무엇이 다른지 아직까지도 잘 모르겠다.

사실 근 1년이 다 돼가는 시점에서 한국으로 무척 돌아가고 싶기는 하다. 가끔씩 내가 왜 여기 있는지, 아직까지 호주에 온 정확한 목적을 찾지 못하고 생활하고 있으니 말이다. 한국에 돌아간다면 다시 대기업에 재입사는 힘들겠지만 지금보다 상황이 반드시 나아지리라는 보장도 없다. 한국에서 회사 생활할 때 위에서 내려오는 지시의 압박과 야근. 그런 것이 지겹고 다른 인생을 살아보고 싶어서 호주까지 왔건만……. 아직까지 정체성의 혼란이 계속되고 있다.

지금 당장 한국으로 돌아갈 일은 없겠지만, 오늘따라 어머니의 된장찌개가 그리운 날이다.

AU399$에 구입해 현재까지 잘 쓰고 있는 노트북. 하지만 한국에서 동일 모델을 검색해 본 결과 역시 우리나라가 가격이 더 싸다.

# 함께의 가치

호주에 와서 수많은 사람을 만나봤다. 내가 만났던 사람들 중 한국인보다 유럽 워홀러가 더 많은데 그들에겐 공통점이 있다. 대부분 짝을 이루어 다닌다는 것이다. 커플로 다닌다거나 3명 혹은 그보다 더 많은 인원이 함께 팀을 이루어 다닌다.

그런데 꼭 한국인뿐만 아니라 대부분 동양인은 그렇지 못하다. 특히 한국인은 혼자 다니는 사람이 태반이다. 가끔씩 한국에서 커플로 오는 경우가 있긴 한데 그다지 많지는 않다. 나처럼 홀로 시작해 여행지에서 만난 사람들과 그곳에서 인연을 맺고, 또 다른 지역으로 이동을 할 때 새로 친구를 만드는 식이라 해야겠다.

그래도 나는 차량을 소유하고 있으니 양호한 편인데, 싱글은 여행 다니기도 부담스럽다. 한 사람이 움직여도 차량은 필수고, 두 사람이 움직여도 차량은 필요하지만 비용이 절감된다.

돈은 크게 문제가 되지 않는데, 삶의 질이 떨어진다. 나도 사람이다 보니 외로움을 타기 마련이다. 아무리 예쁜 광경을 봐도 옆에 얘기할 사람이 아무도 없으면 홀로 고독만 즐기다 돌아오기 때문이다. 얘기할 친구도, 가까운 지인도 없다.

여행 가이드북을 봐도 혼자보다는 둘이서 여행하는 것을 추천한다. 어떻게 보면 당연한 얘기일 수밖에 없어 보인다. 처량해 보인다기보다는 1~2년은 긴 시간이다. 빨리 가야 할 이유도 없고 목적지도 없다. 긴 여행을 함께 할 친구는 거의 필수적인 것 같다. 빨리 가려면 혼자 가는 게 맞지만, 멀고 긴 여행은 동반자가 필요하다는 말이 있다.

왜 대부분의 동양인들이 짝을 이루어 다니지 않는가는 모르겠다. 우리나라도 예전처럼 남녀가 구분되어 있는 것도 아니고 자유연애가 활기찬데 왜 다들 혼자 올까. 나부터가 혼자지만, 오늘따라 사람이 그리운 밤이다.

호주에 있는 동안 유일하게 눈을 본 태즈매니아 호바트 전망대

내 나이도 이제 서른. 결코 적은 나이도 아니고, 예전 같았으면 이미 가정을 꾸릴 나이이다. 하지만 이곳에 온지 1년이 다 된 지금까지도 내겐 그 흔한 여자 친구조차 없다. 함께의 가치!

긴 여행에는 동반자가 필요하다.

## Good-bye Tasmania

이곳 태즈매니아에서 농장일을 시작한 지 얼마 안 됐지만, 더 이상 나아질 기미는 보이지 않는다. 일주일에 평균적으로 2번 일을 하는데, 주 5일을 쉴 바에는 차라리 다른 일자리를 알아보는 것이 현명하다고 생각됐다. 시간으로 계산하자면 대략 주당 10시간 정도. 한마디로 일할 만한 가치가 없는 곳이라 판단되어 일을 그만두기로 했다.

6월, 7월로 갈수록 호주는 점점 더 겨울에 가까워진다. 즉, 날이 더 추워지면 어떤 작물이든지 생산이 더뎌질 수밖에 없다. 이곳에서 6개월 이상 농장일을 한 사람도 더 이상 이곳에 있지 않고, 태즈매니아를 떠나는 중이다.

결론은 내가 매우 잘못된 판단을 가지고 태즈매니아에 왔다는 것이다. 근 한 달간 여행 아닌 여행을 했지만, 소비한 금액만 2,000$ 가까이 된다. 왕복 배편, 기름값, 방값, 식비, 입장료 등등……. 혹시나 해서 이력서를 넣어둔 오지잡은 연락이 올 기미가 안 보인다. 지난주부터 이곳을 나갈 생각을 하다가 이제는 한계에 다다른 것 같다. 태즈매니아에서의 생활은 이제 시간 낭비일 뿐이다.

비록 시기를 잘못 맞춰 와서 일다운 일도 못하고 떠나가지만, 긍정적으로 생각해서 원래의 내 목적인 여행을 했다고 생각하기로 했다. 차를 가지고 있기 때문에 당장 멜번으로 나가긴 하지만 멜번에 간다고 해도 뚜렷이 뭔가가 있는 건 아니다. 호주 전체가 비수기에 들어간 것만 같은 분위기이다.

어딜 가든지 분명히 다음 일자리를 구한 다음에 이동하는 게 정말 최우선인 것 같다. 애들레이드에서 있을 때 소문만 듣고 태즈매니아로 오긴 했지만, 도착 후부터 후회가 많았다.

멜번! 현재로서 마땅히 비전은 보이지 않지만 지금의 생활보다는 나을 거라 장담한다. 그 이유는, 태즈매니아는 호주 생활 1년 중에 최악의 한 달로 기억될 것이기 때문이다.

# 06

# 5월17일 멜번의 한인 집

지 한국인 중 여자 혼자 차량을 가지고 다니면서
동하는 사람을 한 번도 본 적이 없는지 의문이다.
대부분 여 번 가지 남자에게 의존하려는 경향이 있는 듯하다.
심지어 여 말이 "여자 혼자 차량 없이
한국한 백 차라는 말이 나온다.

# 1년 만에 구한 오지 쉐어

태즈매니아에 오기 전, 그 전부터 한 가지 봐둔 일자리가 있었다. 포도 픽킹을 할 때부터 보던 일자리인데 한인 일자리에 시급 13$ 포도 푸르닝이었다. 급여가 너무 낮아 별 볼 일 없을 거라고 생각했었다.

참고로 나는 이때 포도 픽킹을 할 때였는데 오지잡으로서 시급 20$ 이상의 급여를 받고 일했으니, 13$의 불량 한인잡 따위는 눈에 들어오지도 않았다. 하지만 주당 근무 시간이 60시간에 육박하는 일이었다. 한인잡의 공통된 점이라고 할 수도 있을 것 같은데, 시급이 낮은 대신에 근무 시간이 많다.

오지잡은 반대라고 말할 수 있겠다. 시급은 높은데 짧은 시간에 많은 사람이 투여돼 일이 일찍 끝난다. 결론부터 말하면 어떻게 생각하면 한인잡이 더 많은 돈을 벌 수도 있다는 얘기다. 물론 부당하지만 어쩔 수 없는 선택이었다. 이때까지만 해도 단지 눈여겨 봐왔을 뿐 신중히 생각하고 있지는 않았다.

하지만 태즈매니아에서 나갈 때까지도 마땅한 일자리가 없었고 시기가 안 좋은 만큼 선택의 폭은 점점 좁아져갔다. 일단 한인 컨트렉터에게 농장일은 하겠다고 말은 해놨는데 언제 시작할지는 미지수였다. 대략 5월말이나 6월초 정도라고만 들었을 뿐. 아직 시간이 보름 이상 남은 셈인데, 그동안 아무것도 안하고 놀자니 답답하기만 하다. 뭔가를 해야 할 것만 같았다.

대부분의 일자리에 장기간 일할 수 있는 워커를 뽑는다. 나는 거짓말을 하고 싶지는 않았다. 그래서 찾은 일자리가 컨테이너 중량물 상하차다. 무거운 물건을 끊임없이 들락날락하는 일인데 육체적으로는 상당히 고된 일이긴 하다. 그렇지만 그나마 시급이 다른 일자리에 비해 괜찮았다. 사실 시급은 아니고 컨테이너의 개수의 따라 돈을 주는 능력제 일이었다. 다른 대부분의 한인잡은 시급이 10불부터 시작한다. 15불을 주는 곳이 있다면 한인 일자리 중에서는 아주 좋은 편이다. 물론 그것도 호주 최저임금에도 못 미치지만 말이다.

내가 일하고자 했던 컨테이너 상하차는 역시 한인잡답게 트레이닝 기간이라고 해서 1일을 무급 처리한다고 들었다. 한마디로 일을 해도 하루치는 돈은 안 준다는 말인데, 정말 어처구니가 없을 따름이다. 하루 종일 일하고 내 차 기름값까지 들여 출퇴근 했는데, 돈은 안 준다니! 이래서 대부분의 워홀러들은 한인잡을 증오한다. 하지만 어쩌겠는가. 돈 없고 영어 안 되면 답이 없다.

나 같은 경우는 포도 푸르닝을 이미 신청해놨고 시간이 보름 정도밖에 여유가 없으니 이력서를 내고 오지잡을 구하기에는 시간이 역부족이었다. 당장 시작할 수 있고 한국에 있을 때 아르바이트로 몇 번 해보던 일이라 큰 부담감은 없었기에 시작은 쉽게 할 수 있었다.

또 안 좋은 점은 일을 하고 3주 뒤부터 급여가 나온단다. 정말 최악의 일자리라고 할 수도 있겠다. 중국인이 운영하는 사업체도 거의 한국인과 비슷한 수준이다. 고로 여기서 한국인과 중국인의 시급은 별반 차이 없다. 실제로 경제 수준은 상당히 차이가 큰데 말이다. 오히려 중국인이 영어만 좀 잘하면 한국인보다 훨씬 나은 수준의 대우도 받는다. 억울하지만 어쩔 수 없었다. 딱 보름 정도만 일한 후 포도로 건너가기로 마음먹었다.

슈퍼마켓 구인 광고도 봤는데, 경력자 우선 모집에 시급이 10$밖에 안 된다. 시티부근에 독방을 얻으려면 주당 200$은 줘야 한다. 결국 호주 최저임금의 반 정도 수준밖에 안 되는 돈으로 생활하기가 곤란할 정도이다. 그러니 멜번에서는 거실 쉐어라는 것이 있는데 말 그대로 거실에서 자는 것이다.

기가 찬 노릇이다. 나름 한국에서 귀한 자식들이었을 텐데 부당한 대우에 방도 아닌 거실에서 자다니! 이럴 거면 호주에 있을 만한 가치가 단 한 개도 없다. 조금 심하게 말하면 거지같은 인생이다. 내 입에 풀칠하기에만 급급한 생계형 일자리만 만들어 가고 있는 것이다. 교민이 원망스럽고 같은 한국인끼리 사기치고 불법을 자행하는 게 역겹기까지 하다.

짧은 멜번의 생활이겠지만 역시 같은 한국인 밑에서 일하는 건 조금 아닌 것 같다. 정상적으로 급여만 준다면 그럴 일은 없겠지만. 하지만 나는 호주 최저 임금을 지키면서 텍스를 정상적으로 내는 한국인 고용주를 본 적이 없을 정도로 귀하다.

멜번에 도착해서 2일 동안은 그나마 멜번에선 저렴한 백팩커에서 지냈다. 내가 있던 방은 10인용 방이었는데 20$을 받았다. 이것보다 낮은 가격의 백팩커는 찾기가 불가능하다고 할 수 있을 정도이다.

방은 역시나 남의 짐을 밟고 다닐 정도로 협소했고, 역겨운 냄새에 청소는 먼 나라 얘기인 것처럼 보였다. 1층에는 술집이 운영되고 있었는데, 밤마다 얼마나 노래를 크게 틀던지 새벽 3시까지 2층 방이 울릴 정도였다. 2일만 예약을 했던 것은 행운이었다. 하루를 지내고 나니 침대는 말 그대로 잠 잘 때만 쓰는……. 그 외에는 아무 것도 없었다. 일하고 씻고 도서관에서 인터넷 후 침대에 가서 귀 막고 자는 수준. 도저히 잠을 잘 수 없을 정도로 소음이 심했고, 결국 나는 첫날이 지나자마자 다른 곳을 알아보기로 결정했다.

한인 쉐어는 대부분 장기 생활을 원했고 나같이 단기를 받아주는 곳은 찾기 힘들었다. 만일 있다고 하더라도 가격이 많이 비쌌고, 그나마 저렴한 곳은 이미 만원이었다. 또다시 다른 백팩커를 찾아봤지만 이번엔 주차가 문제가 됐다. 일부터 시티에서 거리가 먼 곳 위주로 알아봤지만 주차를 할 수 있는 곳은 단 한 곳도 없었다. 잘못하면 숙박비보다 주차비가 더 많이 나오는 경우도 있다.

마지막으로 검트리에 희망을 걸었다. 시티 부근에 주차장이 있고 가격이 백팩커 수준의 저렴한 쉐어 하우스를 찾았다. 집 주인과의 연락이 닿아 호주 온 지 근 1년 만에 오지 쉐어를 구하게 된 것이다.

원래 집은 한국 쉐어를 선호하는데 이번엔 선택권이 없었다.

그동안 오지 쉐어를 구할 기회는 많았으나 일부러 한인 집으로 들어간 이유는 특별하진 않지만 향수였던 것 같다. 애들레이드에서 있는 동안 계속 오지잡으로만 일을 해서 우리말을 말할 기회가 없었기 때문에 집에서만이라도 한인과 함께하고 싶었다.

하지만 이번 기회에 그나마 괜찮은 가격의 오지 쉐어를 얻은 것이다. 2인 1실, 주당 140$. 최고의 장점은 자전거로 10분도 안 걸릴 정도로 시티가 가깝고, 차고에 주차가 가능하다는 점이었다.

첫날이라 잘 모르겠지만, 여태까지의 호주 생활을 돌이켜보면 크게 다를 건 없을 거라 생각한다. 어디가나 사람 사는 곳은 다 비슷비슷하기 때문일 것이다.

# 워홀에 적합한 나이

5월 20일

농장 대기 시간이 2주 이상 남다 보니, 멜번에서의 생활은 무료하기 그지없었다. 오전에 컨테이너 일도 일이 있는 날보다 없는 날이 더 많았다. 하는 일이 없다 보니 당연히 집에만 있는 날이 많아졌고, 나 홀로 또 다시 아는 한국인도 하나 없이 재미가 없었다.

돈이 중요한 게 아니라 인간다운 삶을 살고 싶었기에, 단기로 일할 잡을 찾아보기로 했다. 마치 한인 식당에서 키친핸드를 구한다고 하기에 찾아가 봤다. 물론 그 전날 식당 주인과 연락이 닿았고 다음날 오후에 만나기로 약속했다. 원래는 30분이면 가는 거리인데, 퇴근시간에 차가 막혀 50분 이상 걸린 것 같다. 출퇴근에 너무 오랜 시간을 잡아먹고 사실 시급도 얼마 안 돼 중간에 차를 돌릴까 생각하다, 이왕 가는 거 한번 가보자는 심정으로 면접을 봤다.

면접은 1분도 되지 않아서 끝이 났는데 굉장히 불쾌했다. 도착하니 가장 먼저 나를 보더니 나이를 물어봤다. 적지 않은 나이지만 30살이라고 말했다. 어디를 가나 30이면 시티잡을 하기엔 버거운 나이다. 대부분 20대 초중반의 어린 친구들이 많고 나도 나이 서른에 시티 잡을 하기 망설여졌지만 경험이라 생각하고 단기로 할 생각이었다. 업주는 내가 나이도 많고 인상이 맘에 안 들었는지, 하루에 2시간밖에 일을 줄 수 없다는 것이었다. 시급은 당연히 법적으로 정한 최저 임금도 되지 않는데다가 출퇴근 시간으로 한 시간 반은 잡아먹을 텐데 하루에 2시간이면 할 만한 가치가 전혀 없었다. 주인은 40대 초반의 여자였는데, 나를 한번 훑어보니 "홀에는 나오면 안 될 것 같고 주방에서 힘든 일 2시간 할 수 있겠냐"는 것이었다. 그리고 지금 주방에 일 잘하는 학생이 있어서 많은 시간을 할애하기는 어렵다고 했다.

어제 전화 통화와는 말이 달랐다. 어제는 하루 4시간을 얘기했는데 나를 보니 2시간으로 줄었다. 그리고 그것도 매일 일하는 것도 아닌 조건으로. 내 외모와 나이를 비꼬아 말하는 것도 그렇고 일도 그렇고 기분이 나빴지만, 거기서 여주와 싸워 봤자 득 될 게 없었다. 결국 거의 한 시간을 달려 도착한 곳에서 1분도 안 돼 나왔고 다시 집으로 돌아오는데도 동일한 시간이 소요됐다.

어이없는 일이지만 내가 겪은 바로는 워홀 생활에서 나이가 많으면 분명 불리하다. 내가 업주라도 젊은 친구를 고용하지, 나이든 사람을 고용하지는 않을 것 같다. 나이 서른이면 한국에서 직장생활 몇 년차에 곧 결혼을 생각할 나이이다. 하지만 나는 현재 이곳에서 아무것도 제대로 이뤄 놓은 것이 없다.

내가 권고하는 것은 20대 후반이 넘어서 호주에 온다는 것은 한번 재고해야 할 일이라는 점이다. 내가 만난 한국 워홀러들은 대부분이 25살 전후가 많은 것 같다. 28살이 넘으면 거의 없다고 봐야 하고, 나보다 나이가 많은 워홀러는 1년간 단 한 명밖에 만나지 못했다. 이래저래 힘든 나이다.나이 많은 것도 서러운데 이런 대우까지 받으면 정말 화가 치밀어 오른다. 자기 나이가 20대 후반에 걸쳐 있다면 호주에 오는 것은 다시 한 번 생각하길 바란다. 할 수 있는 일이 제한될 확률이 높아진다.

# 직업 소개소를 통한 방법

5월 22일

호주 온 지 1년이 다 돼가는 시점에서 한 가지 잘못 생각한 점이 있다. 나는 여태까지 단 한 번도 소개소를 통해 일을 구한 적이 없다. 이점은 자랑할 만하나 돌이켜보면 이것만이 능사는 아니라는 것이다.

태즈매니아를 다녀오면서 느낀 점은 수없이 많은 곳에 이력서를 넣고 무작정 기다렸지만 그간 지내온 시간이 낭비라는 것이다. 언제 연락이 올지 아무도 모른다. 빠르면 일주일, 한 달 그 이상이 될지도 모른다는 것이다. 그럼 일자리를 구하기 전까지 무엇을 할 것인가? 딱히 답이 떠오르지 않는다.

물론 나는 그동안 여행을 했다. 나쁘지는 않지만 무언가 텅 빈 것 같은 마음이다. 수입은 없는데 지출만 있다 보니 맘이 편할 리 없다. 하지만 소개비를 내고 가는 곳은 비용은 들지만 대기 없이 일할 수 있다. 그리고 소개비를 내고 들어가는 곳은 대부분 법적 최저 임금이 보장되는 곳이 많다. 한마디로 높은 시급을 받는 것이 가능하다는 얘기다.

하지만 개인 컨택은 답이 없다. 내가 여태껏 개인 컨택해서 성공한 곳은 딸기와 포도뿐이다. 물론 이 두 개의 일자리로 6개월을 일했지만, 나머지 6개월은 그다지 성공적이지 못하다. 도살장에서 일하는 것은 보통 컨트렉터를 통해서 들어가는 것이 일반적인데 이런 것은 대부분 소개비가 붙는다. 물론 나는 소개비를 내지 않았다. 하지만 엄밀히 말하자면 소개비를 낸 것이나 다름없다. 이건 사실이 아니다. 일주일간은 트레이닝 기간이라고 해서 시급을 11$밖에 받지 못했다. 결국은 시간당 7$이 컨트렉터 주머니로 들어간 셈이다. 이런 것을 소개비라고 생각해도 좋다.

대부분 한국인 업주들이 이런 식이다. 내가 지금 일하고 있는 컨테이너 하역 작업도 마찬가지다. 한국에서라면 이런 일은 안하겠지만 여기서는 이런 일을 하고 싶어 하는 워홀러들이 넘치고 넘친다. 수요는 적은데 공급이 넘쳐나다 보니 인건비는 당연히 내려갈 수밖에 없다. 99%의 교민들은 법적 최저 임금을 주지 않는다. 당신들 주머니 채우기만 바쁘고 워홀러는 일회용품으로 생각하고 부려먹다 맘에 안 들면 잘라버리면 그만인 것이다. 한마디로 그들의 눈에는 우리가 '종이컵'으로 보일 뿐이라는 것이다.

구인 게시판에 올라온 글에는 트레이닝 기간 따위의 언급은 없었는데, 출근 전날 문자로 첫날은 무급이라는 것이다. 어처구니없는 일이지만 지금 당장은 다른 일이 없기 때문에 마지못해 하고 있지만 정말 못된 짓이다. 무급이라는 말은 다른 말로 생각하면 하루 일당을 소개비라고 생각하면 될 것 같다. 내가 남일 도와주는데 소개비를 내가면서 일을 하고 있는 것이다. 정말 기가 막힌 얘기지만 이게 한인 일자리의 실정이다.

원어민 수준의 언어 구사가 가능하다면 물론 이런 일을 하지 않아도 된다. 하지만 나는 1년간 수많은 한국 워홀러들을 만나왔지만 이런 경우는 단 한 차례도 보지 못했다. 어떻게 보면 당연한 일일 수도 있다. 일일이 물어보진 않았지만 일류 대학에 재학 중인 학생들은 워킹 홀리데이 비자로 입국하지 않는다. 대부분 고만 고만한 사람들이 오는 곳이 호주인 것 같다.

정말 답답한 노릇이다. 교민들은 워홀러를 부려먹기 바쁘고 워홀러는 영어를 대부분 잘 못하기에 호주인 밑에서 정당한 법적 보호를 받으면서 일을 하는 경우가 드물다. 이런 악순환은 이미 내가 호주에 오기 전부터 계속 되어 왔을 것이다. 특별한 계기가 없다면 앞으로도 이런 일이 반복되지 않을까 싶다.

다시 본론으로 돌아가, 대기하는 시간이 길어지면 몸과 마음이 지친다. 당장 할 일은 없으니 삶의 질이 떨어지고 무기력해지는 나날이 계속된다. 하지만 소개소를 통해 들어가면 그런 일은 없어진다고 보면 될 것 같다. 일단 대기가 없고 괜찮은 일자리가 주어진다. 물론 이 소개비용이라는 것이 거의 일주일치 임금과 맞먹는다고 생각하면 된다. 처음 일주일은 무급이고 그 다음부터 돈을 번다고 생각하면 될 것 같다.

대기를 할 경우를 생각해 보자. 방값과 식비 등을 포함한다 해도 한 달 기준 1,000$은 나가게 된다. 돈이 문제가 아니다. 그만큼의 시간이 낭비된다는 얘기다. 최대한 본인 스스로 '괜찮은' 일자리를 구하도록 노력해 본 후 정 안 될 경우 소개소를 찾아가는 것. 지금 생각하면 나쁘진 않을 것 같다.

한인 소개소라면 당연히 소개비라는 것이 붙겠지만, 호주인이 운영하는 소개소라면 말이 달라진다. 당연히 최저 임금이 보장되고 소개비 따위도 없다. 하지만 대부분의 호주 직업소개소는 한국인 워홀러를 달갑게 반기지 않는다. 누가 자기네 말도 제대로 못하는 사람을 구하고 싶겠는가. 꼭 우리네가 아니더라도 영어 구사가 가능한 유럽 백팩커들도 넘쳐나는데 말이다. 정말 쉽지 않은 경우다.

농장 주변에는 농장일을 소개해주는 소개소들이 있는데, 나 같은 경우는 포도 농장이 그런 경우였다. 시급 20$에 연금까지. 거의 최상의 조건이었지만 근무 시간이 짧은 것이 문제였다. 이런 경우를 제외하면 최상의 방법은 직업소개소일 수도 있다.

찾기 쉽지 않고, 끊임없는 불안감을 감수해야 하겠지만 머나먼 땅에서 살아가기란 고생길을 피할 수 없다. 이래저래 힘든 워홀 생활이다.

Flinders Street Station

# 시급 13$에 고마워하는 한국인

5월 23일

내가 현재 하고 있는 일은 컨테이너 당 돈을 받는 능력제 일이지만 시급제로 환산하면 대략 13$ 정도가 된다. 보통 3인 1팀이 되어 하역을 시작하는데, 쉬는 시간에 이곳에서만 2달가량 일했다는 한 워홀러와 잠시 얘기를 하게 되었다.

내가 이곳의 일이 불법이고 시급이 너무 적다는 등의 흉을 보자, 그 학생은 내가 이해가 안 된다고 했다. 내가 이해가 안 된다니? 자기는 현재 일에 만족하고 크게 불만은 없단다. 그리고 이 일은 다른 한인 일자리보다는 시급이 높은 편이고 이 일조차 하고 싶어 하는 사람들이 많다는 것. 내가 시티잡을 잘 모른다고 하니, 그 친구는 시급 7$ 받고 일하는 사람도 있다는 얘기부터 시작해서 이 일자리는 그나마 괜찮은 편이라며 자신의 논리를 주장했다.

어이가 없었다. 그동안 1년 가까이 거의 20$에 가까운 시급을 받아온 내게는 이해할 수 없는 논리였다. 법적으로 보호도 안 되는데다 불법으로 일을 하고 있는데 만족한다니……. 한편으로는 그 친구의 마음이 편해서 좋겠다 생각했는데 내가 보기에는 그저 어리석은 우물 안 개구리로밖에 보이지 않았다.

호주에 온 지 2달됐는데 이 일자리 외에는 해본 적이 없단다. 물론 투잡을 하고 있긴 한데 오후에는 이것보다도 더 적은 시급을 받고 일한단다. 다른 해줄 말이 없었다. 말이 통할 것 같지 않았다. 모두 나와 같은 생각으로 한인 사장을 욕할 줄 알았는데, 내 착각이었나 보다. 누구의 생각이 맞는 건지 잘 모르겠다. 나는 매일같이 속이 타들어 가는데 나와 같은 일을 하는 누군가는 이런 일조차 감사해 한다.

정말 멜번의 시티잡은 최악이다. 다른 도시는 애들레이드밖에는 잘 모르지만, 애들레이드는 이것보다는 시급이 높았다. 물론 애들레이드도 평균적으로 시티잡이 12~14$ 정도로 형성되어 있지만, 트레이닝 기간이라든지 무급으로 일한다는 등의 얘기는 들어본 적이 없다. 시드니에서 잠시 생활했었지만 직접적으로 내가 일을 하지 않았고 잠시 머무른 정도여서 잘은 모르겠지만, 아무래도 교민이 멜번보다 더 많으니 비슷한 시장이 형성되지 않았을까 생각한다.

어떻게 받아들여야 할까. 그저 허탈 웃음만 나왔다. 왠지 아마도 그 친구는 호주 생활 동안 한인 일자리만 하고 귀국하지 않을까 생각한다. 사실 대부분의 워홀러들이 그런 생활을 하고 있다. 호주까지 와서 하루에 단 한마디의 영어도 사용하지 않고 최저 임금도 못 받고 고국으로 돌아가는 상황. 특히 도심 중심에 살고 있는 워홀러들에게 이런 경향이 더 짙은 것 같다.

National Gallery of Victoria

# 호주에 오게 된 계기

5월 25일

내가 처음 워킹 홀리데이라는 제도를 알게 된 것은 지금으로부터 9년 전인 2004년 여름이다.

그 당시 나는 막 군대를 제대한 사회 초년병이었고, 고교를 졸업하고 바로 군 입대를 했기에 대학생도 아니었다. 한마디로 당시에는 마땅한 직업이 없는 백수였다. 나이가 어렸고 해외 경험도 전무했을 나이였다. 막연한 동경만 가지고 있었고 아무것도 아는 게 없었다. 부모님에게 워킹 홀리데이라는 제도를 설명 드리고 그에 관한 정보를 수집하고 있었지만, 집에서의 반대는 너무 심했다. 당시 내 나이 21살. 나도 어렸고 수중에 가진 게 아무것도 없었기에 나 또한 그 꿈을 잠시 접을 수밖에 없었다.

그 후 6개월간의 아르바이트를 하고 어느 정도의 돈이 모아졌을 때 공무원 시험을 준비하기로 했다. 지금도 그렇지만 그 당시 무척이나 인기가 있었던 직접 중 하나가 공무원이었다. 나는 의무 경찰로 군복무를 대체했다. 당연히 경찰 공무원 시험 준비에 본격적으로 들어갔다. 부모님도 내가 경찰이 되기를 원했고, 나 또한 2년이 넘는 의경 생활을 하며 경찰이란 직업이 내게 맞을 거라 판단했다. 학창시절 공부를 썩 잘하는 편은 아니었지만, 합격할 것이라는 자신감은 충분했다.

그런데 생각과는 달리 매번 낙방하기 일쑤였다. 점점 그러한 시간이 길어지자 몸도 마음도 지쳐가기 시작했다. 결국 3년을 공부했지만 최종 합격의 꿈을 이루지 못하고 24살에 경찰에 대한 꿈을 접었다. 집에서는 이때도 반대가 무척이나 심했다. 아직 24살이면 그 당시 공무원 시험을 시작하기에도 어린 나이인데 나는 벌써 그 꿈을 접은 것이었다. 더 이상 앞길이 보이지 않아 모든 수험서를 버리고 새로운 길을 가기로 마음먹었기에 미련이 남지 않았다. 최선을 다했지만 눈물이 앞을 가렸다.

이때 당시 잊고 있었던 워홀이 생각난다. 다시 한 번 부모님을 설득했지만 역시 반대에 가로 막히고 말았다. 그 후 대학 진학을 생각했는데 역시 수중에 돈이 없었다. 약 6개월간의 알바 후 다시 시작됐다. 이때 처음으로 해외여행도 하고 삶을 즐겼던 것 같다. 그 다음해 2년제 대학에 진학해 특별한 하자 없이 졸업을 했다.

취업을 해야 했지만 그 전에 다시 해외여행이 하고 싶었다. 다시 한 번 아버지를 설득했지만 무시당하기 일쑤였다. 나도 3년간의 공백으로 늦었다는 걸 알았기에 더 이상 말하지 않았다. 졸업 후 운이 좋게도 외국계 회사의 엔지니어로 취업을 할 수 있었다. 정말 좋은 조건이었고 남들은 이력서를 몇 번이나 넣어도 떨어졌다는 곳이지만 나는 한번에 통과할 수 있었다. 하지만 만 1년 후 회사를 그만둘 수밖에 없었다. 내가 적응하지 못한 것도 하나의 문제라고 할 수 있었지만, 삶의 재미를 느끼지 못했다. 그리고 나보다 10년, 20년 회사를 더 다닌 사람의 모습을 보고 그 사람이 내 미래의 모습이라 생각하니 암담했다.

결국 만 1년을 채우고 사직서를 내고 나왔다. 주위에선 좋은 회사 왜 그만두냐고 말렸지만 내 뜻은 확고했다. 이때가 내 나이 29살이다. 문득 8년 전 생각을 접었던 워홀이 생각났다. 더 이상 부모님의 설득에 내 뜻을 굽히고 싶진 않았다. 집에 사직서를 냈다는 말을 했고, 워홀 얘기는 아예 하지도 않았다.

바로 호주행 편도 티켓을 예약했다. 반대할 게 뻔했기에 출국 1주일 전에 말하고 출국할 생각이었다. 너무 늦었다고 생각은 했지만 이 순간을 위해 8년을 기다렸다. 나이 30이 넘으면 가기도 힘들다고 생각했기에 20대의 마지막 순간에라도 나가기를 결심했던 것이다. 이 일로 평생 후회하고 싶지는 않았다.

내가 왜 그렇게 호주에 가고 싶었는지는 막연한 동경 때문이다. 나는 책 읽기를 좋아하고 글을 쓰는 것도 좋아한다. 시간 날 때마다 도서관에 가는데 매번 워홀에 관한 경험담과 여행 책자를 빌려 읽었다. 아마도 이러한 책들이 나를 호주로 이끈 것 같다. 책을 읽을 때면 마치 환상의 나라에 가있는 기분이 들었다.

물론 지금 생각하면 그 경험담들은 대부분 겉치레에 불과하다는 것을 호주에 와서 바로 깨달을 수 있었다. 쉽지 않은 일들과 할 수 있는 일은 3D 업종에 불과하고, 그마저도 일자리 구하기가 쉽지 않다. 교민 사회에서의 워홀러들을 부려 일하는 것에 대한 생각은 증

오에 가깝다. 아무것도 모르고 호주에 가면 당연히 최저임금 정도는 받으며 일할 수 있을 거라 생각했지만 그건 내 착각이었다. 나이가 많으니 일자리를 구하는 것도 젊은 친구들보다 힘들고, 여러 가지로 힘든 나날의 연속이다.

그럼 왜 아직까지 호주에 있는 건지? 특별한 이유는 없다. 출국 전 집안의 풍파를 헤치고 여기까지 왔는데 이렇게 허무하게 돌아갈 순 없다. 좋은 모습을 보여 드리고 싶었다. 그리고 현재 1년 동안 내 뜻대로 되지 않았던 호주의 남은 1년간은 정말 잘 하겠다는 마음가짐으로 이곳에 남아 있는 것이다.

# 일주일 만에 나오게 된 오지 쉐어

5월 27일

원래 3주를 계약했으나 일주일 만에 집을 나오게 됐다. 2인 1실에 140$, 그것마저도 적지 않은 금액이라고 생각했으나, 어처구니없게도 집 주인은 내가 차고를 사용한다는 이유로 100$을 추가로 요구했다. 한마디로 주당 240$을 내야 한다는 말이었다.

분명 입주 당시에는 그런 말이 없었는데 일주일이 지나니 내게 추가 금액을 요구했다. 말도 안 되는 금액이었고, 나는 그 말에 동의할 수 없어 집을 나오게 되었다. 240$이면 애들레이드에서 2주간 독방을 사용할 수 있는 액수다. 멜번의 집값이 아무리 비싸다 해도 이건 아니다 싶었다. 당장 내일부터 머무를 집을 알아봐야 했다.

운 좋게도 즉시 입주 가능한 한국인 쉐어 하우스를 찾게 되었다. 2인 1실에 130$, 주차는 무료. 오히려 더 나은 조건의 집을 구할 수 있었다. 그런데 막상 한인이 운영하는 쉐어 하우스에 오니 나를 또 한 번 당황하게 한 것이 있었는데, 방 2개짜리 아파트에서 6명이 살고 있었다. 각 방당 2명. 그리고 거실 쉐어라는 것이 있었는데, 작은 거실을 칸막이로 나눠서 2명이 살고 있었다.

호주 오기 전 거실 쉐어라는 것이 있다는 얘기를 들어본 적은 있었지만 실제로 보니 가관이었다. 이렇게까지 사람이 산다는 것이 서글프기만 했다. 거실에는 여자 2명이 서로 칸막이에 나눠져 살고 있었는데, 방에 있는 사람도 거실에 나오게 되면 불편하고 거실에 있는 사람도 불편하긴 마찬가지였다. 한마디로 렌트 하우스를 운영하는 한인만 돈을 버는 셈이다. 막상 렌트를 한 사람은 그 집에서 살지 않는다. 여러 집을 렌트해 거기서 얻는 수익으로 생활을 하는 것이다.

이렇게까지 호주에 있을 만한 이유가 있을까 하는 생각이 많이 들었다. 한인 밑에서 최저 임금도 받지 못하고 거실에서 생활하면 정말 삶의 질은 최악으로 떨어진다. 호주 정부에서도 거실 쉐어를 금지하고 있지만 없어질 것 같지가 않다. 방값이 너무 비싸 방에 들어가지 못하고 거실에서 생활하는 젊은이들을 보니 가슴이 메어져 왔다.

시드니 지역은 멜번보다도 더 심하다고 하는데 안 봐도 뻔하다. 심지어 거실에서 5~6명이 생활하는 집도 있다고 하니……. 한국의 고시원 수준을 생각하면 딱 맞을 것 같다. 단지 고시원과 다른 점이 있다면 합판이 아닌 커튼으로 방을 만들었다는 점. 애들레이드에 거주하면서 거실 쉐어라는 말은 들어본 적도 없고, 오히려 방값도 멜번에 비하면 훨씬 저렴하다. 인건비도 애들레이드가 조금은 더 높은 것 같았다. 내가 본 멜번은 전혀 메리트가 없었다. 아니 마음 같아선 당장 이곳을 떠나고 싶지만 지금 당장 농장으로 간다고 해도 일할 수 있는 것도 아니고, 어차피 대기를 해야 하기 이곳에 머물고 있는 것뿐이다. 대도시라서 문화생활을 즐길 수 있다는 것. 상대적으로 질 떨어지는 한인 일자리가 많다는 것. 그리고 어느 정도 수준의 영어 구사가 가능하다면 현지인 일자리를 구할 수 있을 것 같았다. 그 외에 특이점은 없는 것 같다.

아파트에서 촬영한 도심

# 급하게 걸려온 전화 한 통

무료한 나날을 지내고 있던 중 저녁 즈음에 포도 농장 매니저에게 전화가 왔다. 원래 있던 인원은 다 찼는데 1명이 나가서 추가 인원이 필요하다는 것이다. 생각할 이유가 없었다. 내일 당장 가겠다고 말하고 전화를 끊었다. 하지만 한 가지 걸리는 것이 있었으니, 바로 지금 살고 있는 집 방이다. 입주한 지 3일밖에 되지 않았는데 나가겠다고 하면 보증금을 돌려주지 않을 것이 뻔하다. 원래 내가 농장일을 시작해야 할 때가 2주 정도 남아서 대략 보름 정도 살겠다고 미리 말을 했었는데 3일 만에 나가겠다고 하면 누가 좋아하겠는가. 방법이 없었다. 보증금을 돌려받기는 불가능할 것 같았다.

예전에 애들레이드에서 어떤 워홀러가 일주일 뒤에 방을 빼겠다고 말을 했었는데 보증금은 2주치라서 일주일치 보증금을 못 받고 나간 사례가 있었다. 집 주인에게 어떻게 말을 해야 할지 몰랐지만 직접 대면하고 솔직히 말하는 게 좋을 것 같았다. 렌트를 한 사람이 나보다 어린 여자였는데, 짧은 시간 동안 친하게 지내서 돈을 돌려받을 수 있을 거라 생각도 했었다. 긴 대화 끝에 전부는 아니더라도 대부분의 돈을 환불 받을 수 있었다. 운이 좋은 케이스라고 할 수 있다.

머뭇거릴 시간이 없다. 당장 살고 있는 집에 있는 물건을 모두 차에 싣고 내일 오전 일찍 출발을 위해 다시 한 번 이삿짐을 챙기기 시작했다. 호주 와서 이렇게 이사만 수십 번을 다닌 것 같다.

날이 밝고 자가 차량점검을 마친 후 약 500㎞에 달하는 거리를 이동하기 시작했다. 정확한 위치는 SA주 Padthaway라는 작은 타운이다. 인구는 500명도 채 되지 않고, 해가 지면 어둠의 도시가 되는 전형적인 시골 마을이다. 과연 이곳에서 내가 뭘 할 수 있을까 하는 생각이 문득 들었지만, 정말 일다운 일을 해본 지가 오래 돼 소처럼 일만 해야 할 것 같았다. 내일부터 당장 시작이다. 시급은 비록 13$밖에 되지 않지만, 매니저 말에 의하면 주당 최소 50~60시간 일을 보장한다니 아무 생각하지 말고 그동안 공중분해 된 돈벌이를 위해 다시 한 번 나설 차례다.

# 포도 푸르닝 3일차

6월 1일

일은 정말 쉬웠다. 첫날 일을 같이한 사람들은 힘들어서 일이 끝나자마자 침실에서 곯아떨어졌지만 꾸준히 농사일을 해본 나로서는 일하는 게 아니라 마치 소꿉장난처럼 느껴졌다. 그만큼 일이 쉬웠다.

그나마 힘든 점이 있다면 하루 종일 서서 일한다는 것. 그리고 매니저로 일하는 워커나 나보다 나이가 어린데 행동이 거슬린다는 것. 그 외엔 없었다. 역시 단순 노무직이라 재미는 없었지만 시간은 잘 갔다. 적당히 시간만 때우다 가는 일거리 같았다. 7시 출근, 5시 퇴근. 하루 10시간 중 점심시간 30분은 공제하고, 그 외 쉬는 시간은 급여에서 제하지 않았다. 실제로는 쉬는 시간이 1시간은 되는 듯싶었다. 가위를 들고 다니면서 가지를 자르고, 철사로 작은 가지는 묶어주면 됐다. 대부분 사람들이 농장일이 힘들다, 힘들다 하지만 내게는 이런 일은 이제 아주 쉬워 보였다. 장담하건데 호주에서 도살장 3개월만 무사히 버텨내면 2년 워홀 동안 못할 일은 없으리라 생각한다. 이곳 농장에는 대부분의 워커들이 남자였다. 대략 남녀 구성비가 8:2 정도 되는 듯했다. 다른 농장보다 유난히 남자들이 많은데, 구인 광고에 우선순위를 '차량 소유자, 남자, 여자'로 올려놓았기 때문인 것 같다. 현재 농장에 일하는 사람은 15명 정도. 10일 후에 10명 정도가 더 들어온단다. 15명인데 차량소유자는 3명이고,

나머지는 몸만 온 경우다. 나를 제외하고 차량 2대는 모두 커플이다. 왜 아직까지 한국인 중 여자 혼자 차량을 가지고 다니면서 이동하는 사람을 한 번도 본 적이 없는지 의문이다. 대부분 한국 여자는 차량을 가진 남자에게 의존하려는 경향이 있는 듯하다. 심지어일하다 들리는 말이 '여자 혼자 남자친구 없이, 차량 없이 농장에 오면 생활력 강한 여자'라는 말이 나오겠나. 내 상식으로는 이해하기힘든 말이었지만 그런 말이 들리곤 했다.

컨트렉터 한 명만 태국인이고 나머지 모두가 한국인이다. 당연히영어를 쓸 일이 전혀 없다. 내가 정말 나이 들었다는 생각이 들 때는20대 초중반 친구들이 하는 말을 들으면, 같이 대화가 안 된다는 것이었다. 너무 유치하고 수준 떨어지는 말을 하는데, 이 사람들이 정말 교양이란 게 있는 사람들인가 하는 생각도 든다. 남자 여자 할 것없이 대부분이 흡연을 하는데 금연 중인 내게는 냄새도 고역이었다.매일 한 알씩 금연 보조제를 먹고 있다. 다행히 흡연 욕구는 신기하게도 전혀 들지 않는다. 그저 담배에 대한 혐오감만 생길 뿐이다.

하루 종일 같은 일만 반복하니 정말 재미는 없다. 노래도 못 듣게하고 그저 내가 할 수 있는 건 포도나무를 보면서 가위질만 해대는것이 전부다. 한사람이 개인당 포도나무 한 줄씩을 잡고 일을 하는데 서로 등을 보이며 일을 하기에, 일하면서 얘기를 나눌 기회는 전혀 없다. 정말 말 그대로 소처럼 앞만 보고 일만 한다. 아무 생각도들지 않고 이렇게 단순한 일만 계속하다 보면 내 머리가 점점 단순해질까 봐 조금 걱정도 된다.

# 양파 쉐드 시작

포도 푸르닝을 며칠 하지 않았지만, 일이 나와 맞지 않다는 생각이 들었다. 그다지 힘들지는 않았는데 일을 하는 내내 트러블이 생겼다. 슈퍼바이저의 끊임없는 잔소리 때문이었는데 여간 고역스러운 일이 아닐 수 없었다. 그러던 와중에 Penola에 양파 쉐드에서 사람을 구한다는 소식을 접했다. 세금 포함 시급 19.65$의 일이었는데, 실내에서 하는 작업이다 보니 비가 와도 일을 할 때 지장이 없고 일하는 시간도 주당 40시간 이상으로 괜찮아 보였다. 푸르닝을 시작한 지 얼마 안 돼 고민이 되긴 했지만, 시급과 일의 강도를 생각해 이동이 현명하다고 판단됐다. 가장 큰 요인은 푸르닝이 나와 맞지 않았던 것이다. 만일 양파 구인 광고를 보지 않았더라면 일을 계속했겠지만 월등히 높은 급여를 생각해서 옮기로 한 것이다.

푸르닝을 하던 Padthaway와 Penola는 대략 한 시간 거리. 부담스럽지 않은 거리이다. 푸르닝을 진행하던 한국인 컨트렉터도 내가 그다지 달갑지는 않았을 것이다. 나이는 많고 일하는데 계속 문제를 발생하니 말이다.

양파 쉐드장 근처 Caravan park로 이사 후 대기 없이 바로 다음날부터 일을 할 수 있었다. 첫날은 9시간 일을 했는데 20$로 계산하면 대략 하루에 180$을 번 셈이다. 호주 온 지 1년이 넘었는데 하루에 가장 많은 돈을 번 날로 기억될 것이다. 장점은 점심시간 30분을 제외한 45분간의 휴식 시간을 급여해서 제하지 않았다는 점이다.

3D 업종이고 대도시와 멀리 떨어져 있는 곳이다 보니 역시 대부분 외국인 노동자들로 채워졌다. 사실 외국인은 한국인이 유일했는데, 대략 25명 정도 되어 보였다. 그 외에 5명 정도의 현지인들이 함께 일했다. 주변에 양파 쉐드장이 하나 더 있다고 들었는데, 그곳은 시급 Cash 13$을 받는다고 들었다. 무슨 이유인지 이곳은 소개비도 없고 급여에서 따로 제하는 것도 없었다.

한 가지 단점은 자차로 출퇴근이 안 되고 무조건 회사 통근버스를 이용해야 한다는 것이다. 차비로는 하루 6$을 급여에서 제한다고 한다. 거리가 대략 Caravan park에서 편도 30㎞ 거리였는데 특별히 신경 쓸 만큼 비싸지는 않았다.

또 호주에서 말로만 듣던 Caravan park를 처음 이용했는데, 좁은 공간에 여러 명이 생활하는 만큼 위생 생태가 그다지 좋지 않았다. 이곳으로 이사 온 후 Padthaway에서 독방을 쓰던 공간보다 더 작은 곳을 4명이서 쓰고 있다. 짐을 풀어놓을 공간조차 없어 웬만한 건 차에서 꺼내지 않았다. 아마 짐을 다 풀어놓으면 움직일 수 있는 곳조차 비좁아 가방을 밟고 다녀야 하지 않을까 싶다.

Penola에 도착한 지 만 1일밖에 안됐지만 걸어서 10분이면 시내를 다 돌아 볼 수 있을 정도로 작은 마을이다. 그래도 Padthaway보다는 세련되어 보였다. 도서관도 있고 IGA라는 현지 슈퍼마켓도 있었다.

Padthaway에 살 때는 식료품과 도서관을 가려면 왕복 100㎞에 달하는 Naracoorte까지 이동해야 했는데, 이곳은 그런 불편은 없었다. 워낙 작은 마을이다 보니 전화가 가끔씩 통화 불능지역 표시가 뜨곤 했다. 양파 시즌은 9월 달까지라고 들었는데 특별한 일이 없으면 이곳에서 3달은 지내지 않을까 싶다.

양파 쉐드장에서 남자가 하는 일은 기계에서 양파가 쏟아져 나오면 10㎏, 20㎏ 단위로 포장을 해서 차곡차곡 쌓으면 됐다. 10㎏은 별로 없고 대부분이 20㎏ 정도의 중량을 옮기다 보니 일한 첫날부터 손에 물집이 나기 시작했다. 노동 강도는 중상급 정도 될 것 같았다. 결코 쉽다고 말할 수는 없었지만 할 만했다. 워낙 작은방에 사람이 많이 산다는 것. 그리고 전화가 하루 24시간 중 12시간 이상 통화 불능 지역이라는 점. 이것만 제외하면 나쁘지는 않았다.

# 호주에 대한 회의감

6월 17일

오늘로서 양파일을 시작한 지 6일째이다. 대다수의 근로자들이 한국인이다 보니 사실 이곳이 한국의 어느 시골 농산물 공판장인지 착각이 들 때도 있다. 물론 현지인들이 소수 있기는 하지만 한국인과는 달리 힘쓰는 일은 하지 않는다. 중량물을 옮기는 작업, 청소 등 짓궂은 일은 모두 한국인이 도맡아 한다고 생각하면 되겠다.

그러다 보니 현지인들과는 하루에 한마디도 하지 않을 경우가 태반이다. 이쯤 되면 내가 왜 호주에 왔는지 의문이 든다. 호주에 있는 한국 양파 공장에 취직하려고 여기 왔을까. 20㎏ 양파 묶음을 8시간 동안 나르다 보면 장갑은 찢어지고 손에서는 피가 나기 일쑤다.

돈은 물론 한국보다는 많이 버는 편이다. 하지만 돈을 목적으로 호주에 온 것도 아닌데, 내가 왜 여기서 이런 일을 하고 있는지 회의감이 들기 시작했다. 사실 여태까지 계속 농사일만 하긴 해왔지만 1년 이상 이런 일만 하다 보니 어느새 한국이 너무 그리워지기 시작한 것이다. 한국에 가서 귀농을 할 것도 아닌데 말이다. 돈이 목적이라면 나는 한국에 가는 게 맞다. 한국에 가서 아버지가 운영하는 가게를 내가 맡아 한다면 호주에서 일하는 것보다 더 많은 돈을 벌 수 있다.

그렇다고 영어를 사용하는 것도 아니고, 먼지가 너무 심하다 보니 말을 거의 하지 않고 일한다. 코를 풀면 잉크가 나오는 것처럼 검은 콧물이 나온다. 이제 호주 어디를 가도 그다지 여흥이 느껴지지 않는다. 하늘을 봐도 바다를 가도 모든 게 거기서 거기 같다. 이제 호주가 지겨워진 것일까. 삶이 무기력하고 권태감이 느껴진다.

　몸이 힘든 건 말할 것도 없고, 계란 한 판의 나이가 되니 나도 가정을 꾸리고 싶다는 생각이 간절하다. 가끔 조카 사진을 보곤 하는데 그렇게 예뻐 보일 수가 없다. 아기를 그다지 좋아하지 않는 나인데, 내 조카는 굉장히 사랑스럽게 느껴졌다. 나도 한국에 가면 일자리를 구하고 결혼을 할 나이가 된 것 같다. 호주에 온 것 자체를 후회하는 건 아니지만, 부모님도 보고 싶고 먹는 것도 시원치 않으니 삶의 의욕이 없다. 지금 내가 일하는 곳을 남자보다 여자가 많은데 그렇다고 맘에 가는 아가씨가 있는 것도 아니고. 과연 내가 지금 여기 왜 남아 있는 걸까. 단순히 이렇게 호주에서 시간을 때우기는 내 인생이 아깝다. 한국에서도 3D 업종 일은 잠시 해봤지만 여기서 이건 아니라는 생각이 계속 드는 건 왜일까. 물론 여태까지 계속 이런 일을 해왔지만 이제 와서 이런 생각이 강하게 드는 이유는 뭘까.

　머릿속이 점점 복잡해지기 시작했다. 당장 한국을 가진 않겠지만 올해를 넘기지는 않을 것 같다. 생각해 보니 한국인이 없는 딸기, 포도 피킹을 한 6개월은 이런 생각 없이 즐겁게 일했던 것 같다. 호주에 와서 현재 같이 일하는 한국인들이 문제일까. 아니면 내가 변한 걸까. 뭐든 중요치 않다. 내 마음은 점점 고국으로 가고 있다.

## 쉽게 구한 일자리, 책임감 없는 워홀러

6월 22일

호주에서 워홀러들이 할 수 있는 일자리의 대부분은 전화 한 통으로 일을 쉽게 구할 수 있다. 그렇기 때문일까? 쉽게 구한 일자리를 쉽게 포기하는 경우도 많고, 오너들도 얼마든지 인력을 구할 수 있기에 사람을 우습게 해고한다. 나 같은 경우만 해도 하루, 이틀밖에 일을 하지 않았는데 잘린 경우가 있다.

책임감이 없는 워홀러들도 너무 많은 게 문제다. 말없이 야반도주하는 사람들. 물론 나도 호주 생활 초기에는 예외는 아니었지만 말이다. 보통 그만두기 2주 전에 공지를 해야 하는데, 당일에 말하고 나가버리는 친구들. 모두가 호주에서의 일을 쉽게 생각하는 경향이 있는 것 같다. 이것도 엄밀히 말하면 직장인데 말이다.

워홀러들도 책임이 크지만 단 하루 만에 사람을 자르는 오너들도 상당수다. 넘쳐나는 워홀러들 때문일까. 맘에 안 들면 바로 교체하고, 또 새로운 사람이 들어오면 며칠 일한 후 그만 두고……. 그런 이유로 한국에 없는 일자리 보증금 제도가 생긴 건 아닐까. 어느 정도는 이해가 가는 부분이다. 하지만 며칠 해본 후 너무 자기에게 맞지 않다 싶으면 다른 곳으로 옮기는 게 맞다고 생각한다. 본인이 선택해서 왔지만 최소한의 매너가 2주인 셈이다.

가끔씩 시즌을 끝마칠 때까지 일하지 않으면 보증금을 돌려주지 않는다는 악덕 업주도 있다. 이런 부분은 사람을 채용하는 글을 올릴 때 보통 공지를 하는데, 잘 살펴야 하는 부분이다. 막상 비행기 타고, 차를 타고 20시간 이상을 달려왔는데, 일한 지 하루 만에 잘리면 얼마나 황당하겠는가. 내가 지금 말한 경우는 한인 밑에서 일하는 경우를 말하고 있는 것이다. 호주인과 함께 일한다고 특별히 다른 건 없겠지만 아무래도 좋은 일자리는 구하기 힘든 만큼 쉽게 사람이 나가지도 않는다.

또한 워낙 대기시간이 길어 불확실한 게 대부분이다. 지금 일하는 양파 농장에 들어오기 전 Naracoorte에 있는 도살장에 이력서를 넣고 왔는데 3주가 지난 아직까지도 연락이 없는 경우인데 사실 이런 일이 태반이다. 경력도 있고 Q-Fever 주사도 맞고, 장비까지 모두 있는데 연락이 없다면 무경력자는 어떻겠는가. 그렇다고 그것 하나만 믿고 무작정 하루하루 기다릴 수도 없는 일이다. 한마디로 놀면서 피 말리는 날만 계속되는 것이다.

그래서 대기가 없는 대신 비싼 수수료를 내면서라도 바로 일을 시작할 수 있는 일자리가 생겨난 것이다. 내가 이력서를 넣고 온 도살장도 한국인 컨트렉터가 있는 곳인데 어느 정도의 수수료를 내면 바로 일을 할 수 있는 것으로 알고 있다. 꼭 추천할 만한 일은 아니지만 어떻게 생각하면 한 달 동안 놀면서 기다리느니, 소개비를 내고 들어가서 일하는 것은 고려해 볼 만한 방법이다. 선택의 과정은 본인이 스스로 만들어 가는 것이다.

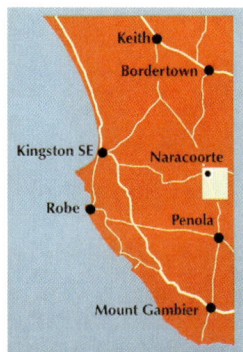

# Naracoorte National Cave Park

양파 농장에서 일을 한 지도 벌써 한 달이 다 되어간다. 매일 같은 지루한 나날의 연속이지만 그나마 위안이 되는 것은 높은 시급과 주말을 모두 쉴 수 있다는 점이다. 주말이면 보통 장을 보거나 여행을 다닌다. 여기서 친해진 친구들과 야외로 나가면 부근 왕복 100㎞ 안을 돌아보는데 북쪽으로는 Naracoorte, 남쪽으로는 SA주의 제2의 도시라 할 수 있는 Mount Gambier, 동쪽으로는 Millicent 그리고 Calenda National Park, 서쪽으로는 Victoria주와 경계를 이룬다. 대부분의 지역이 편도 50㎞에 위치해 있어 부담이 되지는 않는다.

오늘은 SA주이 유일한 세계 문화유산이 있는 Naracoorte National Cave Park를 다녀왔다. 기대를 잔뜩 안고 갔지만 한국의 있는 동굴만도 못했다. 여러 동굴이 위치하는데, 가격이 천차만별이다. 보통 15$부터 시작해 60$까지 했던 걸로 기억한다.

우리 일행은 그나마 저렴한 15$에 Wet cave를 다녀왔다. 15$에 동굴과 화석 박물관이 포함된 패키지 상품이었다. 그다지 크지 않은 동굴이었는데, 10분이면 다 돌아볼 수 있을 만큼의 규모였다. 입구에서 티켓을 확인하지 않아 맘만 먹으면 무임으로 둘러 볼 수도 있을 것 같았다. 화석 박물관이란 곳도 기대에 부응하지 못했다. 오전 일찍 출발했는데 예정에 없던 비까지 내리기 시작했다. 다른 동굴을 갈까도 생각했지만 가격이 만만치 않고 처음 본 동굴에 실망이 너무 컸기에 다른 친구들도 가기를 꺼려했다.

Cave park를 나와 부근에 Bool Lagoon Game Reserve라는 늪지도 있었는데 사진과는 달리 황량한 들판에 갈대만 잔뜩 있고, 물은 모두 말라 아무것도 보이지 않았다. 찾아오는 사람도 아무도 없어 이곳이 정말 관광지인가조차 의심이 되기도 했다.

시간이 많이 남아 Information centre도 갔었는데, 오히려 여기가 볼거리가 더 많았다. 미디어 자료와 예전에 이곳이 양털 깎기로 유명했던 곳인지 그 전에 사용하던 기계들과 자료들이 많이 남아 있었다. 실제로 양털을 만져볼 수도 있었고 나름 흥미를 유발하게 만들었다. 그래도 해가 지지 않아 다른 곳을 둘러보려 했으나 계속된 악천후에 발길을 Penola로 돌릴 수밖에 없었다. 별다른 소득 없는 하루였다. 그래도 인터넷도 안 돼 집에 하루 종일 있는 것보단 나았으리라.

Penola에서 유일하게 Wife가 가능한 도서관이 있는데 그곳도 3주간 공사에 들어가 인터넷을 전혀 할 수가 없다. 한번 인터넷을 하려면 왕복 100㎞를 달려 다른 지역으로 가야 했다. 인터넷 한 번 이용하려면 100㎞를 넘게 달려야 하다니……. 우리나라였으면 상상도 할 수 없는 일이다. 특히나 Penola에서 Optus는 하루 24시간 중 12시간이 통화 불능 지역이기에 전화기를 가지고 있는 것이 별 의미가 없다. 아마 평일에 일을 하지 않는다면 정말 이곳은 아무것도 할 게 없는 무의미한 일상이 될 것.

# 양파 농장의 비리

7월 19일

갑작스럽게 양파 농장일을 그만두게 되었다. 일한 지 6주차이지만 일을 하는 내내 말이 많았다. 역시 한국인 사장이 운영하는 업체인 만큼 가면 갈수록 안 좋은 점들이 많이 드러났다.

현재 시급 19.65$을 받고 일하지만 공제되는 세금 15%가 환급이 안 된다는 소문이었다. 1월부터 현재의 양파일이 시작됐는데 현재 일을 하고 있는 사람들을 비롯해 이미 그만둔 사람들이 단 한 명도 세금 환급을 받지 못했다는 말이다.

정확히 말해 나는 지금 공제된 세금을 빼면 16.7$의 일을 하고 있다는 말이다. 세금은 한인 사장이 중간에 가로챈다는 말이었다. 하지만 pay slip을 보면 세금이 나가는 것을 확인할 수 있었는데, 어떻게 이런 일이 발생할 수 있단 말인가.

말인즉, 매번 일 시즌이 끝날 때마다 사장이 업체 부도 처리를 내서 일한 워커들은 세금을 받을 수 없단다. 소문인지 진실인지 알 수 없지만 함께 일하는 슈퍼바이저에게 문의를 해도 자신이 지금까지 환불받을 세금만 2,000$이 넘는데 확실하지 않단다. 중간에 15%를 사장이 불법으로 가로채고 부도처리하면 끝이라니……. 확실한 사기지만, 아직 내가 세금 환급 신청을 하지 않았고 직접 사장을 만나 얘기해 본 적이 없어 소문만 무성할 뿐이다.

호주 워킹홀리데이

멜번의 한인 잡

함께 일하던 동료가 세금 환급 신청을 했는데, '환급받을 세금이 없다'라는 말을 들었다고 하는데 정말 불쾌했다. 사람을 채용할 때의 말과 실제 시급이 다르다는 얘기는 있을 수 없는 일이다. 여태까지 부도만 세 번을 냈다고 하는데, 과연 있을 수 있는 일인가.

연금 9%는 당연히 호주 법상 지급을 해야 하지만 기대할 수 없다. 일하는 모든 워커들이 입을 한데 모아 이민성에 신고를 해야겠다는 등 말이 많았지만, 실제로 적용되지는 못했다. 만일 그렇게 한다면 사장이 모든 워커를 해고하고 여태까지 일한 급여도 어떻게 될지 모르는 얘기다.

그 외에 매주 6불을 픽업비 명목으로 떼어 가는데 개인 자가용을 가진 나조차도 내 차로 출퇴근을 해도 6불을 공제하는 것을 이해할 수 없었다. 물론 이럴 경우 일당 16$이 추가되긴 하지만 6불을 공제 후 왕복 60㎞에 달하는 기름값을 내가 부담했으니 실제로 남는 돈은 거의 없었다.

무엇이 진실이고 무엇이 거짓인가. 명쾌한 해답은 아무도 낼 수 없고, 나는 여태까지 사장이란 사람을 한 번도 만나본 적이 없다. 이런 비리가 존재하는 일자리에서 어떻게 계속 일할 것인가.

또 이곳은 주급이 아닌 2주급으로 급여를 주는데 제대로 급여가 들어온 적이 없다. 짧으면 1주에서 2주간 급여가 항상 밀린다. 이렇게 된다면 어떤 이는 한 달을 일해 겨우 첫 급여를 받은 경우도 있을 정도다. 농장일을 하면 불만이 생기는 건 당연하지만 탐탁치 못한 환경에서 일하고 싶지 않았다.

마지막으로 일을 그만 두게 된 계기는 관리자로 함께 일하는 워커가 있는데, 그 사람과도 일하는 내내 마찰이 심했다. 내가 이곳에서 일을 하게 된 후 새로 온 사람인데, 그 전에 4달간 일했던 경력으로 이곳으로 다시 오게 된 것이다. 일하는 내내 손발이 맞지 않아 스트레스는 극에 달했고, 나는 결국 미련 없이 일을 그만두게 되었다. 무엇을 위해 더 이상 그곳에서 일을 하는지 알지 못했고, 떠나는 것이 맞다고 생각했다. 뭘 아는지 모르는지 내가 일을 그만둔다고 말한 날. 바로 새로운 사람을 채용됐다. 아무것도 모르고 양파일을 하러 왔지만 진실을 알게 되면 이곳에서 누가 오랫동안 일할 수 있을까. 한국인 사장들이 욕을 먹는 데는 다 이유가 있는 법이다.

## 내 사랑 Akari

내가 일을 시작한 지 일주일 정도 지났을 때 새 멤버가 들어왔다. 일본인인데 한국인 친구를 통해서 이곳으로 옮겨왔단다.

이름은 Akari Kametani. 그 전에도 부근 양파농장에서 같은 일을 하고 있었는데, 내가 일하고 있는 지금 이곳의 시급이 더 높아서 이직을 한 것 같다. 그전엔 cash 13$을 받고 일했다고 했다. 일본인이라고 해봤자 한국인과 언어를 제외하곤 사실 다를 바가 하나도 없다. 그렇다고 첫인상이 특별히 예뻐 보이지는 않았다. 하지만 내가 살고 있는 카라반 바로 앞 동으로 이사를 와서 집을 마주보는 이웃사촌이 되었다. 매일 출퇴근을 같이 하고 같은 장소에서 일하고, 가끔 내차를 타고 외출을 하기도 했다.

젊은 청춘 때문일까. 언제부턴가 그녀가 여자로 보이기 시작했다. 솔직히 부끄러웠고 나를 어떻게 생각할지도, 그리고 일본인을 만나본 적도 없기에 나는 무지한 상태였다. 그리고 연애를 해본 지도 오래돼 연애 세포라는 것은 내 안에 없는 줄 알았는데 아니었나 보다. 그녀의 무엇이 나를 바꿨는지는 잘 모르겠다. 하지만 분명 한국 여자들과는 행동이 달랐다.

공장 일을 끝나고 청소를 하는데, 대부분의 사람들이 청소는 가욋일이라 생각해 그다지 열심히 하지 않는다. 하지만 오직 그녀만

이 무릎을 꿇어가며 청소를 한다. 내가 그렇게 하지 말라고 몇 번이나 주의를 줬지만 바뀌지 않았다. 성격도 다른 사람에 비해 꼼꼼한 편이었다. 대부분의 일본인들이 그렇듯 그녀도 영어가 무척이나 서툴렀다. 물론 한국어는 전혀 구사하지 못한다. 현재 양파 농장에서 일하는 워홀 외국인은 그녀 하나로 전무했다.

이상하게도 노동자들이 대부분 여자였는데도 그녀와는 거리를 두는 듯했다. 쉬는 시간이나 점심시간에 보면 항상 아무 말 없이 혼자 식사를 한다거나, 아니면 야외에서 먼 산만 바라보고 있었다. 그런 모습을 보기 싫었다. 심지어 한국 여자들이 남자들한테 와서 일본인 친구와 함께 놀아주라고 부탁했을 정도니. 처음엔 관심 없던

그녀가 동정심 때문이었는지 몇 번을 함께하다 보니 어느새 정이 들었나 보다.

소문에 의하면 그 전에 일하던 곳에서 좋아하는 다른 한국인이 있다고 들었다. 이때까진 큰 감정을 두고 있지 않았지만, 언제부턴가 그녀가 눈에 들어오기 시작했다. 마치 우리는 연인인 것 마냥 점심도 같이 먹고, 가끔은 저녁식사에 초대하기도 했다. 주말이면 같이 장을 보러 가기도 하고, 가까운 곳으로 여행을 다니기도 했다. 그 사이 정이 들어서였을까. 그녀의 마음이 어떤지 확인해 보고 싶었다.

함께 일하는 동료에게 부탁해 그녀의 마음을 살짝 떠 보기로 했다. 하지만 내게 친구 이상의 관심은 없어 보이는 듯했다. 고민이 되기 시작했다. 하지만 시간적인 여유가 내겐 없었다. 다른 방법이 없는 듯 보였다. 저녁식사에 초대 후 와인을 한잔 마시며 정공법을 쓰기로 했다. 둘만의 장소와 분위기를 만들고 그녀에게 고백을 하는 수밖에. 내일이면 나는 이 장소에 없을 것.

솔직한 내 마음을 그녀에게 전달했다. 많이 서툴었고 짧은 시간이었지만 더 이상의 방법은 없는 듯 보였다. 혹시나 했지만, 결과는 역시나. 직접 전해 들은 한마디는 "We are just friend." 이제 그녀를 놓아주는 수밖에 다른 방법이 없었다. 함께 하는 동안 특별한 일이 있었던 건 아니지만 아쉬웠다.

다음날 오전 일찍 나는 이곳을 떠났다. 그녀는 나를 배웅해 줬고, 호주에 있는 내내 짧지만 연락은 계속됐다.

# 7월 21일 출발 Darwin!

다른 방법을 찾을 수 없어 차에서 잘 수밖에 없었는데,
이런 생활이 5일 동안 계속될 줄은 생각도 못했다.
다행히 숙박비는 아낄 수 있었지만 밤새도록 좁은 차안에서 추위에 떨며
자다 깨다를 반복했다. 샤워는 꿈도 꿀 수 없어서 먹고 자고 운전하는 것 이외에
다른 건 없다. 오직 앞만 보며 1,000㎞ 씩 달리는 날의 연속이다.
그 정도로 다윈까지의 여정은 결코 쉽지가 않았다.

# 출발 Darwin!

## 7월 21일

양파일을 그만두고 귀국을 해야 할지, 아니면 다른 곳으로 이동을 해야 할지 고민이 됐다. 호주에서의 모든 일이 깔끔하게 정리됐으면 한국으로 가겠지만, 뭔가 탐탁지 않았다. 올해 2월에 나와 같은 워홀 비자로 입국해 다윈 쪽에서 일하고 있는 형이 있었다. 5년 전 해외 봉사 활동을 함께 했던 형인데, 어느 정도 친분이 있고 현재 일하고 있는 다윈 멜론 농장이 괜찮다는 정보였다.

여전히 호주는 겨울이어서 일자리 찾기가 쉽지 않았다. 다윈과 퀸즐랜드를 염두에 두고 있었는데, 지난달까지 퀸즐랜드에서 일하고 있던 사람의 소식통에 의하면 일이 적고 급여가 형편없다고 들었다. 대부분의 일이 능력제라 나와 맞지 않는다고 생각됐다.

한참의 고민 끝에 결국 다윈으로 가기를 결정했다. GOOGLE map을 통해 검색하니 거리가 약 3,400㎞에 달했다. 하지만 이것은 오로지 직선거리일 때의 말이고, 분명 내가 이동할 때는 거리가 더 나올 것을 염두에 두었다. 급하게 결정한 일이라 다윈까지 가는 동안의 여행 일정을 생각하지 못했다. 다만 중간에 Uluru와 사막이 있다는 말만 들었을 뿐.

일요일, 날이 밝자마자 출발을 했다. 그 전에도 다윈을 가보고 싶다는 생각이 들었지만 거리가 너무 멀어 항상 망설이고 있었던 참이었기에 기대는 감출 수 없었다. 호주 종단 여행의 시발점은 Penola, SA였다. 하루에 1,000㎞ 달릴 것을 가정하면 4일이면 도착하겠지만, 실제로는 불가능한 일이란 것을 알기에 약 일주일간의 기간을 생각했다.

첫날은 가볍게 애들레이드를 지나갈 수 있는 데까지 달리는 것을 목표로 잡았다. Penola에서 Adelaide까지는 대략 400㎞ 떨어져 있다. Adelaide는 호주 종단 여행의 시발점이기도 하다. 그 이유는 다윈까지 가는 기차의 출발이 Adelaide에서 있기 때문이다. 잠시 한인 마트를 들러 식료품을 구입 후 기름을 가득 넣어 북쪽으로 이동을 다시 시작했다.

다윈이 위치해 있는 Northern Territory주는 호주에 입국한 한국인 10명 중 9명은 가지 않는 지역이라 한다. 그만큼 일자리가 없고, 열대 기후의 영향으로 사람이 살지 않는다고 한다. 나는 마치 내가 이 땅의 개척자라도 된 듯 들떠 있었다. 한인이 많지 않다 보니 NT주 자체의 단 한 곳의 한인식당, 슈퍼마켓도 있지 않다. 그래서 애들레이드에서 식료품을 사가지고 가는 것이 최선의 방법이다. 자동차 정비도 점검이 끝났고, 모든 것이 순조롭게 진행됐다. 간단히 점심을 해결한 후 다시 북쪽으로 이동을 시작했다.

Adelaide에서 북쪽으로 더 이상 올라가 본 적이 없기에 SA주 북쪽은 어떨지 무척 궁금했다. 하지만 실상은 Port Augusta라는 항구도시를 끝으로 더 이상의 도시는 찾아볼 수 없었다. 그 위쪽으로는 다

원과 같은 SA주의 Outback이 펼쳐져 있었다. 가는 내내 나무와 풀 이외에는 볼 만한 게 없었다. 어느덧 해가 지고 나니 그마저도 보이지 않았고 적막감이 감돌았다. 보통은 해가 지고도 9시까지 운전을 계속했는데, 첫날부터 너무 무리하고 싶지는 않았다. 이날 하루만 해도 900㎞ 정도는 운전을 한 것 같다.

밤이 깊어서 잘 곳을 생각했지만 오지로 진입하고 나니 기본 150㎞ 정도는 사람의 흔적을 찾아볼 수 없었다. 심지어 어떤 곳은 200㎞를 달려야 주유소가 나오곤 했다. 이동 중 머물 Backpackers를 찾기란 어불성설이었다. 근처에 숙박시설이라곤 찾아볼 수 없었다.

다른 방법을 찾을 수 없어 차에서 잘 수밖에 없었는데, 이런 생활이 5일 동안 계속될 줄은 생각도 못했다. 다행히 숙박비는 아낄 수 있었지만 밤새도록 좁은 차안에서 추위에 떨며 자다 깨다를 반복했다. 샤워는 꿈도 꿀 수 없어서 먹고 자고 운전하는 것 이외에 다른 건 없다. 오직 앞만 보며 1,000㎞ 씩 달리는 날의 연속이다. 그 정도로 다윈까지의 여정은 결코 쉽지가 않았다.

이렇게 호주 종단의 첫날밤이 지나갔다.

289
출발 Darwin!

호주 워킹홀리데이

출발 Darwin!

호주 워킹홀리데이

293

# 종단 2일차 Northern Territory주 진입

7월 22일

　자다 일어나 보니 어제의 어둠에 감싸여 있던 사물들이 보이기 시작했다. 정확한 위치는 알 수 없으나 'SA주 Outback range view'라는 사인이 보였다. 6시에 기상을 했는데, 밤새 들리는 건 Road Train이 지나가는 소리 외에 다른 건 없었다. 한 시간에 1~2대 정도 지나다니는 차 외에는 이곳이 사람이 사는 땅인지 알기 힘들었다.

　특별한 계획은 없었다. 아침에 일어나 해가지기 전까지 최대한 달리는 수밖에. 중간에 어느 기점을 Coober pedy로 잡았다. 이곳은 SA

주에서도 북단에 있는 마을인데 오팔이라는 광석으로 유명한 지역
이다. 호주에 오기 전에 Coober pedy에 대한 안내를 관광 책자에서
본 적이 있는데 사막 지역에 만든 마을이라 집을 지하 동굴로 파놓
았다는 얘기만 들었을 뿐이다. 하지만 막상 타운을 둘러보니 그런
것은 정말 오래전 혹은 관광객을 위한 호텔뿐이었으며, 실상 그런
모습을 보기 힘들었다. 지하 레스토랑이 있긴 했지만 사진 상으로
만 봐도 무척 고가의 레스토랑으로 보였기에 내가 갈 만한 곳은 아
니라 생각됐다.

　마을 입구에 도착하자 주위에 땅을 파놓은 흔적과 경고 문구만
있을 뿐. 잠시 Information centre에 들러 보았다. 별 다른 것은 없었

는데 주위에 호주 원주민인 애버리진이 많이 보였다. 에버리진은 NT 주에만 있을 줄 알았는데 NT주에 가까워지니 이곳에도 많은 사람들이 거주하는 듯했다.

호주의 원주민이자 사실상 이 땅의 주인이었던 애버리진은 그다지 좋아 보이진 않았다. 하나같이 남루한 옷차림으로 길거리를 배회하든가 아니면 구걸을 하는 사람도 보였다. 어디를 가도 일하는 애버리진은 찾기 힘들었다. 대부분 백인들이거나 아시아인이었다. 정작 안주인이어야 할 사람들이 나라를 빼앗긴 것 같아 쓸쓸해 보이기도 했지만, 어쩔 수 없는 시대의 흐름처럼 보였다. 그들은 아무런 힘이 없다. 일을 하기도 힘들고, 정부에서 나오는 보조금만으로 생활을 하는데 의미 없는 날을 보내고 있을 뿐이었다.

쿠버페디에서 광산 체험이라든지 몇 가지 이벤트를 할 수 있었지만 내키지 않았다. 관광객은 거의 없는 듯했다. 어느 곳에서 접근하든지 이곳은 오기가 쉽지 않은 지역이다. 애들레이드에서도 차로 이동하기 너무 멀고 NT주에서는 더욱 멀다. 또 비행기를 타고 올 수 있는 그런 지역도 아니기에 일부러 차로 이곳을 찾을 만한 가치는 없어 보였다. 다만 나처럼 지나가는 관광객들만이 몇 있을 뿐. 마을을 크게 차로 둘러봤지만 오팔을 파는 상점은 많아 보였다. 하지만 내 관심사가 아니기에 지나쳤다.

다시 이동을 시작하려 했지만 오늘 밤도 차에서 자게 될 것 같았다. 차에서 자게 되면 몇 가지 문제가 있는데, 첫째는 현재 겨울인지라 무척이나 춥다는 점이다. 옷을 두 벌씩 껴입고 이불을 덮지만 잠을 설칠 수밖에 없다. 둘째, 짐이 많아 의자를 뒤로 젖히고 자는 것이 불가능하다. 자리가 좁아 조금만 뒤로 의자를 눕히고 자는데 좌우로 움직이는 것이 불가능하다 보니 숙면을 취하는 것이 불가능하다. 샤워는 사치다. 마지막으로 가장 중요한 것은 전기다. 시거 잭이 고장 나 핸드폰을 충전할 수가 없는데, 이렇게 되면 노래를 들을 수도, 내비게이션을 사용할 수도 없다. 길을 잃을 염려는 없겠지만 정말 답이 안 나오는 상황이 발생할 수도 있다.

다행히 도서관이 있어 1~2시간 노트북과 핸드폰을 충전할 수 있었다. 차에서 노트북을 사용할 일은 없지만 핸드폰을 노트북에 연결하면 꽤 오래 핸드폰을 충전하면서 사용할 수 있다. 도서관을 나오는데 2시간 후면 해가 질 것 같았다. 서둘러 이동을 시작했다.

그 후로 약 500㎞는 더 달린 것 같은데 운전 2일 만에 NT주에 진입했다면 표지판이 보였다. 2일간 2,000㎞는 달린 것 같다. 어제 Port augusta를 지나기 전 1L당 1.4$였던 기름값이 1.7$로 오르더니, NT주에 진입하자마다 1L당 2$가 넘어갔다. 호주는 기름값이 저렴해 부담이 되지 않았지만 2$가 넘어가면서부터 한국보다 기름이 더 비싸졌다. 나중에 Uluru에 도착하면 2.2$를 넘어선다.

한 가지 더 달라진 점이 있다면 제한 속도가 110이었는데 NT주에 진입하고서부터 바로 130으로 바뀌었다. 그 이후로 낮에는 평균 130㎞/h 이동을 했는데 전혀 빠르다고 생각이 들지 않았다. 마치 나는 그대로인데 사물이 나를 스쳐 지나가듯 부자연스러워 보였다. 내가 130으로 속도를 밟아도 나를 추월해간 차들도 있었다.

선은 밤이 깊어 잠을 자야 할 것 같았다. 하루에 1,000㎞씩 달리면 나도 피곤하지만 차에도 무리가 갈 것 같았다. 가급적이면 최대 1,000㎞ 이상은 달리지 않는 것이 좋을 것 같았다. 당연히 차에서 잠을 자야 했고, 고속도로 캠핑장에 주차 후 피곤함을 달랬다.

7월 23일

　Northern Territory 주에 진입하고 나서도 Ayers Rock까지는 300㎞ 이상을 달려야 했다. Lasseter Highway를 타고 직직 만하면 울룰루에 도착할 수 있다. 이 길은 오직 울룰루를 위해 만든 도로인 것 같다. 중간 기점에 아무런 마을도 존재하지 않는다. 이 길은 Kata Tjuta를 마지막으로 도로가 끊어진다. 만일 호주 중앙에 울룰루가 없었더라면 이 도로는 생기지 않았으리라.

　울룰루는 알다시피 세계적으로 유명한 관광지이다. 호주 관광청이 자국 광고로 가장 많이 이용하는 장소 중 하나이기도 하다. 처음 이곳을 몰랐을 경우 그 먼 곳까지 큰 바위산 하나 보러 왜 그리 많은 사람들이 이동하는지 몰랐지만, 막상 내가 직접 보니 그만큼의 충분한 가치가 있었다. 세계에서 단일 바위로는 가장 크다고 하는데, 그 둘레만 해도 10㎞가 넘는다. 입장료는 인당 25$. 명성에 비하면 부담스럽지 않은 금액이다. 내가 도착한 날은 평일 오전이었는데 이미 주차장은 만원이었다.

　울룰루 도착 후 흥분을 감출 수 없었다. 가까이서 다가가니 그 크기와 보이는 곳에 따라 달라지는 다양한 광경에 눈을 뗄 수 없었다. 한 가지 아쉬운 점은 울룰루에 오르는 것은 금지된다는 점이다. 과거에는 오를 수 있었다는데, 현재는 오르는 길이 너무 가팔라 완전히 금지된 것으로 알고 있다. 하긴 오르다 떨어지면 어디 하나 부러지든지 사망의 위험도 있을 것 같았다.

애버리진이 신성하게 여기는 곳이라고 하던데 막상 가보니 애버리진은 한 명도 없었다. 90% 이상의 관광객이 서양인으로 보였는데, 한국인을 비롯한 동양인은 NT주에 잘 오지 않는다고 하니 그럴 만도 하다.

울룰루에서 50㎞만 북쪽으로 이동하면 Kata Tjuta라는 곳이 있는데 The Olgas 라고 불리기도 한다. 이곳은 울룰루만큼은 많은 사람들이 오지 않는 듯하다. 사실 입장권에는 Uluru-Kata Tjuta National Park 라고 적혀 있는데도 말이다. Kata Tjuta는 울룰루만큼 크기의 바위는 아니지만 그보다는 조금 작은 바위로 산을 이루고 있는 곳이다.

나는 개인적으로 울룰루보다는 Kata Tjuta를 더 인상 깊게 봤는데, 울룰루는 단지 둘레길을 한 바퀴 돌아보는 것으로 만족해야 하지만 Kata Tjuta는 직접 그 안을 들여다 볼 수 있게 만들어졌기 때문이다.

Kata Tjuta는 '바람의 계곡'이라는 별칭을 갖고 있기도 하다. 워킹 코스가 따로 만들어져 있어, 시간만 허락한다면 몇 시간을 투자해 산을 돌아볼 만한 충분한 가치가 있는 곳이다. 등산을 싫어하는 사람에게는 조금 힘들 수도 있지만, 막상 오르고 나면 빼어난 경치를 볼 수 있으니 꼭 가보라고 말하고 싶다. 울룰루만 보고 Kata Tjuta를 보지 않는다면 반쪽짜리 여행을 한 것에 불과하다. 세계 문화유산으로 등록되어 있고 입장료가 Kata Tjuta도 포함되어 있으니, 가보지 않는다면 손해인 셈이다.

   오전 일찍 울룰루에 도착했으나 Kata Tjuta까지 보고 산을 한 바퀴 돌고나니 이미 오후 5시가 다 되어 갔다. 이미 며칠 밤에 운전을 많이 했지만 호주의 특성상 밤에 야생 동물이 많이 나오는 관계로 다시 이동을 시작했다.

   다음 목적지는 울룰루에서 약 530㎞ 떨어져 있는 Kings canyon이다. 다음날의 여정 스케줄을 위해 최대한 Kings canyon으로 이동을 시작했다. 밤 10시가 되어서야 Kings canyon에 도착했다.

호주 워킹홀리데이

출발 Darwin!

304

305
출발 Darwin!

## 종단 4일차 Kings Canyon, 차가 퍼졌다

7월 24일

Kings canyon. 다른 이름으로는 Watarrka라고도 불린다. 미국에는 Grand canyon이 있다면 호주에는 Kings canyon이 있다.

6시 정도에 기상해 Kings canyon으로 향했다. 아직 해가 뜨지 않은 시점이므로 주차장에 차를 파킹 후 해가 뜨기를 기다렸다. 날이 밝자 바로 산을 오르기 시작했다. Kings canyon walk course가 있는데 대략 3~4시간 정도 소요된다. 오히려 이곳이 울룰루보다 단체 관광객이 더 많은 듯했다. 산을 오르다 보면 감탄사가 절로 나온다. 거대한 협곡이 펼쳐지는데 정말 말로 형언할 수 없을 정도다. Grand canyon은 직접 가보지 않았지만 어떠한 느낌일지 예상은 할 수 있을 것 같았다.

울룰루와 Kata Tjuta 그리고 Kings canyon 중 단 한 곳만을 선택하라면 나는 Kings canyon을 선택하고 싶다. 그만큼 멋진 자연이 펼쳐져 있는 곳이다. 두말 할 이유가 없다. 헬리콥터를 이용해 Kings canyon을 내려다볼 수도 있는데, 가격이 만만치 않다. 대략 10분에 100$ 정도 하는 것 같았다. 내겐 너무 부담스러운 금액이 아닐 수 없으니 패스! 울룰루를 보러 호주 중앙까지 왔다면 Kings canyon은 필수 코스다! 오전 일찍 산을 올라 4시간 정도 산을 타니 하산할 시간이 됐다. 정말 구석구석 알차게 둘러봤고, 이런 곳에 산다면 마치 신선놀음을 할 것만 같았다. 정오가 되어서야 산을 내려와 다시 이동을 시작했다.

다음 예정지는 Darwin으로 가는 길목에 필수로 거쳐야할 Alice springs. Kings canyon에서 Alice springs로 바로 넘어갈 수 있는 지름길이 있다. 지름길이라고 해도 400㎞는 달려야 한다. 이 중 200㎞는 비포장도로이다. 내 차는 4WD도 아니고 비포장도로에는 적합하지 않은 승용차이기에 망설였지만 다른 선택을 하기가 망설여졌다. 만일 이 길을 가지 않는다면 한참을 더 돌아가야 한다. 결국 Kings canyon과 바로 이어지는 비포장 도로를 통해 가기로 했다.

시작부터 만만치 않았다. 비포장도로라고는 하지만 도로의 상태가 너무하다 싶을 정도로 좋지 않았다. 차체의 진동이 너무 심한 나머지, 차량을 돌려야 하는 건 아닌가 싶었다. 하지만 이미 지나온 길. 조금 속도를 줄이더라도 끝까지 밀어 붙이기로 했다. 정말 무모한 생각이었다. 시속 60㎞ 정도로 가고 있는데 너무 빨리 달렸던 걸까. 핸들은 직선을 향해 잡고 있는데 앞바퀴가 돌아가더니 차량이 큰 원을 돌며 거의 한 바퀴를 돌았다. 순간 운전석 쪽의 차량 앞부분이 살짝 들리더니 차량이 전복될 뻔했다. 정말 위험한 순간이었다. 잠시 안정을 취한 후 차량을 돌릴까 생각했지만 속도를 50㎞로 줄여 다시 달리기 시작했다.

10분 정도 더 달렸을까. 차량의 뒤 타이어가 터져버리고 말았다. 너무 심한 요철에 타이어가 견디지 못하고 터져 나가 버린 것이다.

출발 Darwin!

암담했다. 다행히 이럴 경우를 대비해 렌치와 리프트 그리고 예비 타이어를 가지고 다닌 것이 천만다행이었다. 만일 타이어가 펑크 났을 경우 아무런 장비가 없다면 차량을 견인해야 하는데, 그 금액이 상상을 초월한다. 보통 시티 같은 경우 300$부터 시작하지만 오지인 이곳에는 1,000$을 불러도 할 말이 없다. 참고로 주변에는 마을이 없었다. 설상가상으로 타이어 나사를 푸는 도중에 렌치가 나사 사이에 껴서 뺄 수가 없었다. 리프트는 비상시를 대비해 가지고 다녔지만, 펑크가 처음이라 사용법을 몰랐다.

차량을 도로에 주차시키고 도움을 기다리고 있는데, 차량 한 대가 지나가서 도움을 요청했다. 독일에서 여행 온 커플이었는데 내 도움에 적극 응해주었다. 렌치를 다시 고치고 리프트를 차량 아래에 끼우려고 했지만, 타이어가 터져 차량이 내려앉아 리프트를 끼울 공간이 나오지 않았다. 하는 수 없이 땅을 파서 리프트를 차량 아래 끼우고 겨우 차량을 들어 올릴 수 있었다. 차량을 들어 올린 후부터는 타이어의 교체가 순조롭게 진행됐다.

몇 분이 지났을까. 다른 차량이 한 대 더 오더니, 차가 펑크 난 것을 알고 함께 나를 도왔다. 불과 수 분 후 타이어는 교체되었고, 무사히 운행을 재개할 수 있었다. 도움이 없었다면 정말 큰 일이 날 뻔했다. 운 좋게도 시기가 낮이었고 차량이 지나가는 도로였으니 망정이지, 그렇지 않으면 차량에서 또 밤을 지새울 뻔했다.

"Thank you. Thank you!"를 남발하고 다시 이동을 시작했다. 이

호주에는 이런 비포장 도로 길이 수백km씩 이어져 있는 곳이 많다.

제 정말 더 이상 비포장도로를 운행하는 것은 무리라 생각하고 왔던 길을 되돌아가기 시작했다. 속도도 30㎞ 미만으로 서행했다. 한참을 지나 비포장도로는 끝이 났고, 다시 Kings canyon을 지나 Alice springs로 향했다. 나중에 생각해 보니 그 비포장도로에서만 2시간을 넘게 있었는데, 지나가던 모든 차량은 4WD 차량이었다. 단 한 대의 승용차도 지나가지 않았다. 나만 몰랐던 걸까. 4WD 전용 도로는 아니었지만, 비포장도로는 앞으로 절대 가지 않기도 했다. 예비 타이어가 없어 불안한 상태였는지 몰라도 Alice springs까지는 시간이 오래 걸렸다. 밤 9시가 돼서야 Alice springs에 도착할 수 있었다.

Alice springs는 NT주에는 작지 않은 도시다. 당연히 Backpackers도 있었고 미리 예약을 해 두지는 않았지만 그동안 제대로 씻지도 못하고 핸드폰은 거의 방전 수준이었으므로 무조건 Backpackers에서 머무르기로 했다. 사실 그동안도 기회만 있으면 Backpackers에서 머물고 싶었지만, 그럴 기회가 없어 차에서 숙식을 해결했던 것이다. 몇 곳을 돌았지만 시간이 늦었는지 문은 굳게 닫혀 있었고, 그렇지 않다면 만원이었다. 시간은 10시를 향해갔고 더 이상 숙소를 찾지 못한다면 오늘도 차에서 잠을 자야 할 것 같았다. 마지막 희망을 걸고 Backpackers를 찾았고 다행히 방을 구할 수 있었다. 4일 만에 샤워를 하는 것 같았다. 배터리를 충전하고, 샤워를 하니 내 몸도 자연히 충전이 되는 듯했다. 그렇게 Alice springs에서의 밤은 깊어만 갔다.

## 종단 5일차 Alice Springs, 사막은 없다

긴장이 풀려서였을까. 오전 8시가 넘어서야 눈이 떠졌다.

호주를 대표하는 패스트푸드 Hungry jack에서 식사를 한 후 출발 준비를 했다. 몇 가지 체크해야 할 점이 있었는데, 혹시 모를 예비 상황을 대비해 예비 타이어를 새로 구입했고 엔진 오일도 점검했다. 차량 주행거리가 25만㎞에 달하다 보니 연료를 소비할 때 엔진 오일도 함께 소비하는 것 같았다. 차량이 노후하고 10만㎞가 넘어가면 대부분의 차량이 주행 중 엔진 오일을 함께 소비한다고 한다.

Adelaide에서 출발 전 엔진 오일을 1ℓ 보충했고 다시 한 번 확인해 보니 이미 1ℓ 이상을 소비했다. 다시 엔진 오일을 구입 후 1ℓ를 보충하고, 간단한 식료품과 연료를 가득 채운 후 운행 준비를 마쳤다. Alice springs에 도착하니 기름값이 1ℓ당 1.7$로 다시 내려갔다. 아직까지도 Adelaide에 비하면 무척이나 비싼 금액이지만, Uluru에서보다는 정말 많이 가격이 내려갔다.

이제 다시 Darwin을 향해 출발할 모든 준비가 끝났다. 또다시 무작정 달리기 시작했다. 쉬지 않고 한번에 500㎞ 이상을 달렸다. Tennats creek라는 마을에 도착하니 음주 단속이 있었다. 차량을 구입한 지 일 년이 다 되어 갔지만, 음주 단속을 한 건 처음이었다. 당연히 술을 먹지 않았으므로 패스!

얼마나 더 달렸을까. 이미 해는 지기 시작했고 500㎞ 정도를 더
달린 것 같다. 달리는 도중 유난히 버려진 차들이 많이 보였다. 주
행 중 차량이 퍼져 그 자리에서 번호판을 떼고 차량을 버리고 간 것
처럼 보였다. 하긴 그럴 것이 차량을 견인하고 수리하는 것보다 차
라리 차량을 버리고 가는 것이 더 돈이 안 들 수 있기 때문이다. 만
일 내가 그랬다면 어떻게 했을까. 생각만 해도 끔찍하다.

가는 도중 어느 특정 지점을 지나면 유난히 캥거루가 많이 나왔
다. 정확히 말하면 왈라비였는데, 이 동물의 특성상 한 마리가 보이
면 그 주위에 집단생활을 하기에 무조건 속도를 줄여 운행을 해야
한다. 더 이상의 운행은 무리라고 생각됐다. 100m를 가면서도 여
러 마리의 왈라비를 보았고 사고의 위험이 커갔다. 낮에는 소가 도
로 중간에 서 있기도 하고, 주위에 교통사고가 난 건지 알 수 없지

만 소의 사체도 두 마리나 보였다. 울타리가 없는 도로라 언제든 야행 동물이 도로에 출현할 수 있으므로 주위를 기울여야 한다. 어젯밤에는 말이 도로에 출현해 나를 놀래기도 했다. 생각해 보라. 차와 말이 함께 도로를 달리는 어이없는 상황을.

Alice Springs를 넘어 1,000㎞나 달렸으니 이제 정말 NT주 북단 즈음에 도착한 것 같았다. 여기서 약 450㎞만 달리면 이제 'End of Top'이라 불리는 Darwin이다. 그런데 생각해 보니 사막을 지나온 것 같지가 않다. 그 전부터 Darwin을 가려면 사막을 지나야 한다는 말을 꽤 많이 들었는데 사막은 어디에 있는 걸까? 더 이상 올라가 봤자 사막은 나올 것 같지 않았다. 내가 생각하는 사막이란 나무는 물론 풀 한포기 없이 흙만 날리는 곳인데, 주요 도로인 Stuart hwy를 이동하는 동안 그런 곳은 나오지 않았다.

결론부터 말하면 Darwin까지 가는 길에는 사막은 없다. 아마 WA주 혹은 NSW주를 통해서 오면 중간에 사막이 있을지도 모르겠지만, Adelaide에서 출발해서는 사막을 볼 수 없다는 것이다. 사막도 하나의 관광 상품으로 개발 중이라는데, 막상 사막을 만날 기대를 하고 있었지만 약간 실망. 물론 도로가 잘 닦여 있어 편하게 운전하긴 했지만, 지루한 건 어쩔 수 없었다. 매일 서울-부산 간 고속도로를 5일간 왕복 운전한다고 생각해 보라. 정말 따분하고 지루한 일이다.

이제 피곤하기도 했고, 고속도로 중간에 있는 휴게소에 차량을 주차하고 다시 차에서 잠을 청했다.

## 종단 6일차 4,800㎞ 여정의 끝, Humpty doo 도착

7월 26일

여느 날과 마찬가지로 오전 6시가 돼서야 기상을 했다. 이제 차에서 5일 이상 자다 보니 익숙해진 것 같기도 하다. 북쪽으로 많이 올라와서 그런지 밤에도 남쪽에 비해선 그다지 춥지 않았다. 밤새 뒤척이는 건 어쩔 수 없지만 적응돼서 큰 불편은 없었다. 캠핑카에서 숙식을 매일 해결하는 유럽 백팩커들의 심정도 이해되기 시작했다.

얼마나 달렸을까. Alice springs에서 예비 타이어를 구입할 때 내게 호기심을 가졌던 직원이 Darwin까지 간다니 여행 조언을 해주었다. 가는 도중에 Elsey National Park에 온천이 있으니 꼭 들렀다 가라고 했던 말이 기억났다. 오늘 내가 출발한 기점에서 그다지 멀지 않았다. 막상 도착해 보니 국립공원이라고는 하지만 규모가 무척 작았다. 차를 주차하고 내려서 공원을 한 바퀴 둘러보았다. 작은 계곡이 있고, 인위적으로 만들지 않은 식물원도 보였다.

여기서의 핵심은 단연 온천인데, 크기는 동네 수영장보다도 작았다. 수영복이 차에 있었지만 대부분의 사람들이 수영복 차림이 아닌 간단한 옷차림으로 온천을 즐기고 있었다. 사실 온천이라고는 하지만 물은 미지근했고 계곡에서 흐르는 물을 한 곳에 자연적으로 모아 사람들이 무료로 이용하게끔 만들어 놓은 곳이었다. 국립공원이었지만 따로 입장료를 받지는 않았다. 수심은 곳에 따라 차이가 컸는데 가장 깊은 곳은 2m에 달할 만큼 깊은 곳도 있었다. 보통 가족 단위의 여행객들이 많았다. 동양인은 전무. 그리 오랜 시간 머물지는 않았다.

또 다시 이동을 시작했다. 이제 여기서 450㎞만 달리면 다윈이다. 아직 정오가 되지 않았으니 해가 지기 전에는 충분히 도착할 수 있는 시간이었다. 정확히 내가 가야 할 곳은 다윈에서 약 50㎞ 떨어진 Humpty doo라는 작은 마을이다. 현재 멜론과 호박이 제철이라고 한다. 사실 겨울이라 제철이라고 말하기는 어렵지만, 그나마 춥지 않은 지역이라 시즌이 막 시작한 상태라고 볼 수 있겠다. 시즌 초반에는 일이 많지 않은 것을 알고 있지만 여행 삼아 다윈까지 온 것이

기에 일이 많지 않아도 큰 미련을 두지 않으려 한다. 시급 19.92$.
농장 중에선 적지 않은 금액이다. 주당 몇 시간을 일하느냐가 관건
인데, 당일 주문량에 따라 2~11시간까지 일을 한단다.

　생각보다는 조금 늦게 해가져서 Humpty doo에 도착했는데 적산
계기판을 보니, 지난주 일요일에 출발해 6일간 4,800㎞를 달렸다.
초반에 생각했던 것보다는 무척이나 많이 달렸다. 아마도 울룰루와
Kings canyon에서 길을 돌아가는 바람에 이동거리가 많이 늘었다.
내가 온 만큼의 거리를 더 달린다면 한국에 도착할 수도 있을 만큼
의 긴 여정이었다. 아무 탈 없이 잘 달려준 차에 고맙고, 무사히 도
착할 수 있었던 것에 감사한다.

생각해 보니 6일 동안 주유를 10번은 한 것 같다. 숙소에 도착한 후 계산을 해보았다. 정확히 주유비만 697$이 나왔다. 이 정도 금액이면 호주에서 한국으로 출발하는 편도 비행기 값을 넘어선다. 생각보다 기름값이 상당히 많이 나왔다. SA주 아웃백을 지나면서부터 기본적으로 주유비가 1.7$ 이상이었으니, 그렇게나 많이 나왔던 것 같다. 원래대로 시티 중심 주유소를 기준으로 했으면 500$이면 충분했을 기름값이 NT주의 비싼 물가로 인해 40%나 많이 나왔다.

나는 모든 영수증을 모아 놓는 습관이 있다. 그 이유는 따로 가계부를 적지 않기에 시간이 지나면 내가 돈을 어디다 썼는지 알기 힘들기 때문이다. 정확한 계산을 위해 모든 것은 물건을 구입한 후 영수증을 받는 습관을 들이고 있다. 한국에서도 그래 왔고 현지에서도 마찬가지다. 물론 종이를 그대로 가지고 있지는 않고 사진을 찍어 영상화 해둔다. 6일간 총 사용한 금액을 계산해 보니 1,000$이 넘어갔다. 숙박비는 Alice springs에서 1박 한 것이 전부고 외식 몇 번 한계 다인데, 여전히 너무 많이 돈을 쓴 것 같다.

다시 한 번 영수증을 검토해 보니 헛된 돈을 쓴 곳은 없었다. 조금 우울한 생각도 들긴 했지만 일을 시작하면 다시 돈을 벌 수 있으니 크게 개의치 않기로 했다.

금요일 저녁이다. 정확히 언제부터 일을 시작할지는 알지 못하지만 다음 주부터는 아마 일을 시작할 것 같다. 다시 한 번 긴 여정을 무사히 마친 나에게 스스로 뿌듯하고 감사해야 할 하루다.

# 통화 불능 지역 NT

문제가 한 가지 생겼다. 이미 예상은 했지만 이곳에선 전화기가 24시간 통화 불능 지역이다. SA주의 Penola 지역도 하루에 12시간 이상은 통화 불능 지역이었지만, 가끔 전화는 할 수 있었다. 나머지 하루 12시간은 전화기의 사용이 됐었기에.

NT주의 모든 지역이 그런 것은 아니지만, 대부분 도심에서 조금만 벗어나면 'No service area'라는 문구가 뜬다. 누군가의 권유로 호주에서 구입한 핸드폰은 호주에서 속도가 빠르다고 해서 큰맘 먹고 핸드폰을 구입했다. 단지 NT주에서 지금 당장 전화가 불통이므로.

그러나 이곳에서 구입한 전화기마저 통화 불능 지역이라는 문구가 뜨기는 마찬가지였다. 이미 핸드폰을 뜯어서 사용까지 했으니 환불이 될 리가 없었다. 한마디로 돈을 날린 셈인데, 같이 일하는 동료의 권유로 속는 셈치고 환불을 하러 갔다. 구입한 지 두시간이 지나서 환불을 하러 간 건데, 지금 당장은 모르겠으니 다음 주에 매니저가 출근하는 날 다시 오라고 했다. 긍정적인지 부정적인 의미인지 모르겠으나, 일말의 희망을 갖고 다시 집으로 돌아왔다.

다음 주 월요일이 되어 다시 핸드폰을 구입한 가게에 찾아갔으나, 또 말을 돌리기 시작했다. 매니저가 출근을 안 했으니 내일 다시 오라는 것이었다. 더 이상 참을 수 없어 다른 제품으로 교환을 하거나 Wife가 되는 공유기로 물품 교환을 하겠다는 식으로 시간을 끌었다. 한참을 망설이던 판매 직원이 다른 매니저를 부르더니, 환불을 해주겠다고 약속한 후 바로 환불을 받았다. 예상치 못한 결과였으나 결국 본전인 셈이다.

하지만 이제부터 어떻게 해야 할지 몰랐다. 전화와 인터넷이 없는 고립된 생활을 하자니 따분하기 그지없고, 전화를 사용하려면 20㎞ 떨어진 시내까지 매일 왔다 갔다 해야 했으니 말이다. 집을 옮기려 했으나, 슈퍼바이저가 집을 옮길 거면 농장에서 아예 나가라는 말로 인해 그럴 순 없었다. 지금 주당 140$을 내고 있는데 6인 1실이다. 무척이나 비싼 금액이지만 어쩔 도리가 없었다. 자차로 출퇴근 하는 것도 불가능해, 반드시 픽업비를 내고 회사 차를 이용해야만 했다.

전화를 이용하려면 Telstra 통신사를 이용하라는 핸드폰 직원의 권유가 있었지만 어떻게 해야 할지 몰라 일단 보류했다. 전화가 없는 농장 생활. 전화를 쓰려면 20㎞를 차타고 나가야 한다. 공유기를 구입해 인터넷만이라도 사용해야 할지 고민이지만, 답을 내리지 못했다. 대부분의 NT주 지역은 Optus 통신사가 응답하지 않는다. 가끔 삼성 핸드폰과 아이폰은 Optus라도 통화가 되는 것 같았다.

다시 삼성 전화기를 사기엔 위험 부담이 너무 컸다. 당분간만이라도 전화가 없는 생활을 해야 하는 걸까.

## 호박 농장일의 시작

7월 30일

멜론 농장일이라고 왔지만 호박 농장일을 시작하게 됐다. 알고 보니 멜론과 호박을 한 농장에서 같이 하고 있었다.

내가 하게 된 일은 호박 픽킹인데, 일의 난이도가 상당했다. 사실 일 자체가 어렵지는 않았지만 30도를 넘나드는 고온 속에서 햇볕을 그대로 맞으며 무거운 호박을 나르기는 결코 쉽지 않았다. 여자는 아예 채용을 하지 않으니, 그야말로 남자들의 일이다.

트랙터 한 대가 느린 속도로 움직이고 5~6명의 워커들이 그 뒤를 따라 호박을 가위로 잘라 트랙터 위로 올리면 되는데, 호박의 무

게도 그렇지만 햇볕이 대단했다. 허리를 숙여 하나하나 호박 줄기를 자른 후 트랙터에 올려야 하는데 트랙터의 속도를 따라가지 못하면 낙오자가 되는 것이다. 정말 단 1초의 쉴 틈도 없이 움직여야 남에게 뒤쳐지지 않는다.

첫날이라 더 힘이 들었는지 모르지만 양파와는 또 달랐다. 양파는 모든 작업이 실내에서 하는 일이라 더운 건 없었지만, 야외 일은 조금만 일을 해도 더운 날씨에 지쳐갔다. 생각해 보니 여태까지 딸기 피킹일을 제외하곤 더운 곳에서 일을 해본 적이 없다. 딸기는 그늘이 있는 트롤리에 앉아 딸기를 따면 되지만, 호박은 서서 일해야 했으니 딸기와는 또 다르다.

아직 호박 피킹에 적응이 안 돼 그럴 수도 있겠지만 이제 시작인데 앞으로 얼마나 할 수 있을지 첫날부터 걱정됐다. 오전 7시에 출근 후 보통 6시에 퇴근을 한다. 점심시간 30분을 제외하면 10.5시간을 일하게 되는 것이다. 물론 쉬는 시간이 없는 건 아니지만 3시간 일하고 10분씩 쉬는 시간은 터무니없이 적었다.

내가 무엇을 위해 이 고생을 하나 하는 생각이 또 들기 시작했다. 아마 지인의 소개가 아니었으면 이렇게 한국인이 많은 곳은 오지 않았으리라. 만감이 교차하기 시작했다. 얼마나 일할 수 있을까. 나는 왜 아직까지 나와 아무런 상관없는 농사일을 하면서 호주에 머물고 있는 것인가. 또 한 번 회의감이 드는 하루였다.

# 풀독으로 인한 몸의 균열

일을 시작한 지 일주일이 지났다. 지난주부터 일을 시작하긴 했지만 실제로 일을 한 날은 많지 않다.

호박 픽킹을 하면서 또 풀독이 오르기 시작했다. 일을 시작한지 2일이 지났을 무렵 내 손등은 절반 이상이 수포로 뒤덮이기 시작했다. 결국 더 이상 일을 한다는 것은 무리라는 생각이 들었다. 긴팔에 긴바지를 입고 장갑까지 꼈는데도 온몸이 가려웠다. 겨우 이틀 일했는데 내 몸의 상태는 누가 봐도 심각했다. 매니저는 며칠 쉰 다음 다시 시작해 보라고 했지만, 이미 그 전에도 풀독을 앓은 적이 있는 나는 이 일은 나와 맞지 않는다는 확신이 섰다.

결국 멜론 쉐드로 일자리를 옮겨 풀을 만지지도 않았는데도 손에 계속 물집이 났다. 쉐드 일을 하면서도 보직은 멜론을 박스에 담아 물건을 나르는 일이었는데 일을 하고 싶다는 의욕이 생기지 않았다. 시급 19.92\$이었지만 더 이상의 돈은 의미가 없었다.

결국 며칠 일하지 못하고 일을 그만두게 되었다. 일의 강도도 상당했을 뿐만 아니라 한국인 매니저라는 사람의 입도 거칠어, 여기서 이런 대우를 받고 일하느니 일을 하지 않는 게 맞다고 생각했다. 나는 성격상 조용하고 기가 센 편이 아니다. 하지만 매니저란 사람은 욕만 안 했지 사람을 소 부리듯 부려먹었다.

같은 한국인이어서 더 그랬는지 모르겠다. 일을 시켜도 적당히 강약을 조절하면서 해야 하는데, 무조건 강하게만 요구하니 부러질 수밖에. 도무지 유연함이라곤 보이지 않았다. 결국 많은 사람들이 일을 시작한 지 며칠 안 돼 나갔다. 내가 있던 일주일 만에도 바뀐 인원이 10명은 되는 것 같았다.

결국 나도 방을 뺐지만 후회하진 않는다. 오히려 그곳에서 더 일했으면 몸만 더 상했으리라 생각한다. 먼 거리를 달려왔지만 일자리는 아니었던 것 같다. 그나마 다행인 건 여기까지 온 기름값 정도는 번 것 같다. 얼마 안 되는 돈이지만 그것만으로 만족해야 했다.

주변에 망고 농장이 있었지만, 망고는 알레르기가 심한 과일에 속한다고 들었다. 피부가 약한 나는 따가운 햇살과 알레르기에는 더 이상 자신이 없었다. 가장 중요한 점은 이제 더 이상 3D 일은 하고 싶지가 않다는 것이다. 한마디로 말해 나는 점점 지쳐가고 있다.

# 더 이상의 일은 없다

통화 불능 지역에서 나와 오랜만에 부모님께 전화를 드렸다. 전화 통화의 내용은 매번 안부를 묻는 수준이다. 특별한 건 없지만 차마 일을 그만뒀다고 말하기는 힘들었다. 너무나 고된 일. 피부 알레르기. 더 이상의 흥미를 느끼지 못하는 이곳의 현실을 말씀드리지 못했지만 그저 잘 지내고 있다는 말밖에는 할 말이 없었다.

오랜만에 통화를 해서일까. 수화기 너머 저 멀리 아버지가 울먹이

는 소리를 들었다. 순간 나도 울컥했지만 어떻게 해야 할지 몰랐다. 나이 서른 넘은 사지 멀쩡한 아들이 먼 곳에서 농사일만 한다고 생각하니 안쓰러웠나 보다. 지금 한국에서도 농촌 일손이 모자라 많은 동남아 노동자들이 한국으로 들어온다고 한다. 외국인 노동자가 없으면 농사일이 거의 불가능하고, 사람들을 한 명이라도 더 받기 위해 애쓴다는 뉴스 기사를 본 적이 있다. 나도 그들과 다를 바 없지만 한국에는 '정'이라는 문화가 있다. 분명 호주에서 일하는 것과는 다르다. 물론 금전적인 측면에서만 본다면 호주로 오는 게 맞다. 하지만 어찌 사람이 앞만 보고 갈 현재의 순간이 행복하지 못하다면 삶은 의미가 없는 것 같다. 지금 돈을 많이 벌어 미래에 행복하

자고 한다면 현재는 고통 받아도 된다는 뜻인가.

호주 와서 많은 것을 느꼈다. 처음부터 돈을 벌고자 이곳까지 온 것도 아니고, 영어를 목적으로 온 것은 더더욱 아니다. 어찌 보면 지금까지 방황을 해온 게 아닐까 생각한다. 가끔 명언집을 찾아보는데 이런 문구가 있다.

'바보는 방황하고, 현자는 여행한다.'

나는 1년이 넘게 호주에서 무엇을 한 걸까. 여태까지 벌어놓은 돈은 얼마 안 되지만 대부분 여행 자금으로 썼고, 한국으로 가져갈 돈은 정말 얼마 되지 않는다. 처음부터 여행을 목적으로 했지만 확실치가 않았다. 긍정적으로 생각해 보면 여태까지 농장에서 번 돈은 모두 여행에 투자했다고 생각하면 되겠다. 이곳에서의 일상 자체가 여행이니까. 물론 그 여행도 일주일이 지나면 더 이상의 여행이 아닌 일상으로 변해버리긴 하지만 말이다.

모든 것을 털어버리고 한국행을 결정했다. 더 이상 호주에서의 미련은 없다. 아마 이제 호주를 떠나면 두 번 다시 이곳 땅을 밟을 일은 없을 것 같다. 여행으로 하기엔 터무니없이 비싼 물가와 가까운 동남아를 놓고 이곳까지 올 메리트는 전혀 없었다.

329
출발 Darwin!

# 8월9일 다시 원점으로, 멜번을 향해!

이제 정말 끝이라고 생각하니 만감이 교차했다.
즐거웠던 기억, 농사일을 하면서 고생했던 기억, 처음과 비교한 내 영어실력.
모든 것이 만족스러운 호주 워킹홀리데이는 아니었지만
그래도 좋은 기억만 가져가고 싶다. 태즈매니아에서 다윈까지,
시드니에서 퍼스까지. 호주라는 거대한 나라를 오직 내 차량만으로
종횡여행을 생각하면 아찔하다.

## Akari와의 재회

떠나기로 결심한 이상 차를 파는 일이 급선무다. 그동안 내 발이 되어준 자동차와 자전거. 그리고 각종 집기들을 정리해야 한다.

다윈에서 동남아를 경유해 한국으로 간다면 멜번에서 출발하는 것보다 더 저렴하게 출발이 가능하다. 하지만 내 차가 처음부터 Victoria license로 등록되어 있으므로 호주법상 차를 팔려면 일반적으로 Victoria로 돌아가는 것이 맞다. 다른 방법이 없는 건 아니지만 굉장히 절차가 복잡하고 이전 비용이 차량을 판매하는 것보다 더 들 수도 있다. 그렇지 않으면 폐차.

선택의 여지가 없다. 여태까지 아껴온 차를 폐차를 할 수는 없었다. 주행하는데 아무 이상이 없이 정든 차를 고철로 만드는 것은 불가능했다. 하지만 다윈까지 온 길을 거슬러 멜번까지 가는 길은 무척 지루하다.

내가 선택한 경로는 퍼스를 거쳐 애들레이드 그리고 멜번까지 가는 방법이다. 구글맵을 이용해서 가장 단거리 노선을 이용한다 해도 7,000㎞가 넘는 여정이다. 아마도 예상컨대 이곳저곳 멜번까지의 여행을 생각한다면 10,000㎞ 가까운 거리가 나오지 않을까 싶다. 기름값만 해도 차량을 판매하는 가격에 근접하게 나올 수 있는 거리다. 여행을 하지 않고 빠른 한국행을 선택한다면 폐차를 하고 다윈에서 비행기를 타고 한국으로 가는 것이 맞지만, 시간이 촉박한 것도 아니므로 이 경로를 택했다.

QLD주를 거쳐 멜번까지 가는 방법도 생각해 봤지만, WA주만 가본다면 호주에서 가보지 못한 주가 없게 된다. 결국 호주 한 바퀴를 돌고 가는 셈이 되겠다. 차를 산 지 만 1년이 채 되지 않았는데 현재까지의 주행거리가 약 29,000㎞. 참고로 호주 둘레는 약 20,000㎞. 만일 현재 계획대로 퍼스를 거쳐 멜번으로 간다면 15개월간 호주 2바퀴의 달하는 거리를 여행하고 간다. 한국에서는 개인차가 크겠지만 평균적으로 1년에 약 15,000㎞를 주행한다고 한다. 나라가 워낙 거대하고 시티를 벗어나면 대부분이 고속도로로 되어 있어 그렇다고 하지만 4만㎞에 달하는 거리를 운전한 것은 정말 놀랄 만한 일이다. 기름값만 해도 6,000$ 가까이 나오지 않았을까 싶다.

지금 당장 출발하지는 않는다. 가급적이면 다윈에서 Victoria주로 이동하는 사람을 찾아보고, 안 되면 다윈에서 가장 유명한 카카두 국립공원을 들렀다 갈 것이다. 아직 정해진 것은 아무것도 없다. 추이를 지켜보며 여행 계획이 수정될 수도 있으니.

　내가 다윈에 있는 동안 Akari에게 연락이 왔었다. 당분간 일본에 갔다 올 예정인데 다윈을 거쳐 일본으로 가겠다는 것이었다. 무척이나 반가웠고, 흥분됐다. 만일 내가 다윈에 있지 않았어도 다윈을 경유해 일본으로 갔을까. 그렇지 않을 거라는 생각이 들었다.

　보통 경유는 제3국을 경유해 가는 것이 일반적이다. 물론 국내선을 이용해 출국하는 방법도 있지만 국내선을 이용할 경우 대기 시간 없이 바로 출국하는 것이 일반적이다. 하지만 그녀는 다윈에서 3일을 머무른다. 아마도 국내선 비행기표를 예약한 후 국제선 티켓을 따로 예약하지 않았을까 생각한다. SA주에 있는 동안 끝이 좋지 않아 걱정을 했었는데 정말 꿈같았다. 3일 동안 무엇을 해야 할지, 스케줄을 어떻게 짜야 할지, 어디서 무엇을 해야 할지……. 모든 것을 철저히 준비하고 싶었다.

　한 가지 이상한 점은 그녀에게 직접 물어보진 않았지만, 문자를 주고받는 동안 내게 성실하게 답변해 주지 않았다는 것이다. 직접 통화를 하지 않아서 그런 걸까. 생각은 했지만 뭔가 이상했다. 그녀는 다윈에 첫 방문이고, 현재 다윈에 아는 사람은 전무하단다. 그런데 내게 냉담한 것 같았다. 그녀의 마음을 알 수가 없었다. 조금 이상하다고 느꼈지만, 문자는 감정을 전달하기에 좋은 수단은 아니라고 생각했다.

　그녀는 새벽 2시에 다윈공항을 통해 올 예정이다. 나는 그 시간에는 대중교통이 없고, 택시를 이용하기에 부담이 되니 마중 나가기로 메시지를 보냈다. 대답이 없었다. 보통 사람이었을 경우 좋다, 싫다 말이라도 했을 텐데 아무런 반응이 없는 것이 이상했다. 그 전부터 내게 살갑게 대하지는 않았지만 정말 많이 이상했다.

드디어 그녀를 만나기로 한 날! 약속대로 공항에 2시에 마중을 나갔고 그녀가 입국장을 통해서 나오고 있었다. 반가운 마음에 그녀 앞으로 나갔지만 그녀는 내게 눈길조차 주지 않았다. 새벽에 일부러 시간 내서 공항까지 나왔건만 사람을 본 척도 하지 않다니. 나를 못 본 건 절대 아니었는데, 순간 기분이 멍해졌다. 나를 무시하고 걸어가는 그녀를 바라봤지만 역시나 나를 못 본 척 하는 것 같았다.

다시 원점으로, 멜번을 향해!

무슨 이유일까 생각하고 싶지도 않았다. 불쾌하기 짝이 없었다. 내가 먼저 일방적으로 공항으로 마중 나오기로 약속은 했지만, 사람을 사람 취급도 안 하다니⋯⋯. 일부러 새벽에 시간 들여, 기름값 들여서 온 나는 뭐가 되는지 생각했다. 이건 아닌 듯싶었다. 조금 더 시간을 들여 그녀가 있는 곳을 바라봤지만 역시 나와는 아는 척도 하지 않았다. 더 이상 새벽에 그곳에서 시간을 낭비하고 싶지 않았다. 정말 이건 아닌 것 같았다. 아무런 말없이 나 홀로 공항을 떠났다. 아무 생각도 하고 싶지 않았다.

그리고 그 다음날 문자가 왔다. 오늘 시간이 되면 만날 수 있겠냐는 문자였다. 대답하고 싶은 마음도 없었지만, 만나고 싶지 않다고 문자를 보냈다. 그리고 그녀에게 왜 내게 공항에서 그렇게 행동했냐고 물어봤지만 그녀의 대답은 피곤하고, 전날 기분 좋지 않은 일이 있었단다. 그뿐이었다. 그건 그 전날의 일이고 나를 만난 건 그 다음날인데 내가 알지도 못하는 상황으로 그녀를 이해하고 싶지 않았다. 내가 속이 좁은 것일 수도 있겠지만, 나는 내 행동이 틀리지 않았다고 생각한다. 바보같이 행동하고 싶지 않았다.

그렇게 그녀와의 모든 관계는 끝이 났다. 내게 냉담하게 대하는 그녀를 더 이상 만나고 싶지 않았다. 자존심이 상했고, 정말 언짢았다. 이걸로 그녀와의 모든 연락은 사실상 끝이 났다.

# NT주 여행

모든 일을 정리 후 NT주 여행을 시작했다. NT주에서 울룰루 다음으로 유명한 카카두 국립공원을 비롯해 Litchfield N.P. 그리고 Katherine에 위치한 협곡도 둘러보았다. 모두 여행사에서 투어를 진행 중이며, 대략적인 가격인 일일 투어를 진행한다면 150~200$ 정도 되겠다. 실제로 3개의 국립공원을 묶어 패키지로 판매하는 상품이 있는데 5일간 910$의 비용이 든다. 내게 터무니없이 비싼 가격이지만 혼자 여행하면서 기름값 외에는 추가적인 비용이 들지 않은 것 같다.

카카두의 입장료가 25$. 그리고 여느 백팩커들처럼 대부분의 숙식은 캠핑장을 이용해 크게 부담이 되지 않았다. 사실 카카두는 4WD 차량을 이용해야 제대로 둘러볼 수 있는데, 내 차는 그게 아니어서 대부분의 비포장도로는 들어가지 못했다. 정말 제대로 된 카카두를 보고 싶다면 4WD 차량을 렌트해야 하지만 비용이 하루에 약170$ 정도 들었던 것 같다. 모든 것이 너무 비쌌다.

몇몇 폭포와 주요 관광지를 제외하고 대부분의 카카두를 둘러보았는데 사실 실망이 컸다. 크게 기대하지 않았지만 별로 볼거리는 없었다. 소문난 잔치에 먹을 것이 없다는 말이 여기서 나온 것 같다. 그나마 가장 큰 볼거리는 야생 악어. 전에 악어를 본 기억은 있지만 야생에서의 악어는 처음이었다. 단위 면적당 세계에서 악어가 가장 많은 곳이 카카두 지역이란다. 카카두에 있는 동안은 악어를 매일 봤는데, 크루즈를 이용한 악어 투어를 진행해도 괜찮을 것 같다.

카카두를 나와 100㎞ 정도 남쪽으로 내려가면 Katherine에 도착하는데 Nitmiluk National Park가 있다. 협곡을 보려면 주차장에서 내려 한참을 걸어야 했다. 보통 국립공원의 경우 차로 이동이 가능한데, 이곳은 어느 한 곳에 주차 후 모든 이동은 도보로 진행되어야 했다. 내부는 차로 이동이 불가능한 곳인데 날이 너무 더웠다. 오전 일찍 출발했지만 정오가 되기도 전에 지쳐버리는 날씨였다. 결국 가장 가까운 협곡 하나만 보고 공원을 나올 수밖에 없었다.

하지만 단 한 곳, 차로 이동이 가능한 곳이 있었는데 북쪽으로 약 40㎞ 이동 후 폭포를 만날 수 있었다. 사실 40㎞를 걸어서 가는 트랙도 있는데, 왕복 80㎞의 산행을 감행한다는 건 거의 불가능에 가까워 보였다. 폭포의 규모는 그다지 크지 않았는데 수심이 깊었다. 우리나라와는 달리 수심이 고른 것이 아니라 급작스레 깊어지는

구간이 많아 수영을 하기에는 상당히 위험해 보였다. 규모가 그다지 큰 편이 아니라 수영에 조금 자신이 있던 나는 깊은 곳까지 들어갔지만 역시 위험하긴 했다. 깊은 곳은 14m나 된다니 모험을 하지 않는 것이 좋을 듯했다.

내가 가본 국립공원 세 곳 중 가장 추천할 만한 곳은 Litchfield N.P.인데, 다윈에서 약 2시간 거리에 위치해 있다. 코스별로 이동이 편리하고 가는 곳마다 계곡과 폭포가 있어 더 웅장해 보였다. 마치 병풍을 두른 듯 폭포수를 중심으로 암벽이 형성돼 있었는데, 주말인지라 사람도 많았다. 주변에 개미집들도 많았다. 길이가 약 4미터가량은 되어 보이는 탑 모양으로 쌓은 개미집. 우기를 대비해 개미들이 이런 집을 만들어 놨다고 하는데 마치 돌과 같이 단단하다. 이런 곳도 다윈만의 특성이 아닐까 싶다.

이렇게 5일을 여행하다 보니 이제 또다시 일상적인 여행으로 돌아간 것 같다. 사실 혼자서 하는 여행이 외롭기도 했지만 나쁘진 않았다. 다윈을 여행하면서 차량을 판매하려고 Gumtree에도 광고를 올렸지만, 몇몇 전화만 올 뿐 실제로 차를 보러 오는 사람은 드물었다. 한 명이 차를 보긴 했지만 너무 터무니없는 절충을 요구해 팔지 않았다. 지금 생각하면 그때 차를 팔지 않은 게 약간 후회도 되긴 하다. 하지만 크게 신경 쓰지는 않는다. 어차피 여행하면서 멜번에 도착하면 더 비싼 값으로 차를 팔 수 있다고 기대하기 때문이다. 이제 멜번으로 떠날 날도 며칠 남지 않았다.

# NT_WA_SA_VIC Crazy Drive!

멜번으로 향하는 대 여정이 시작됐다. 현재 다윈에서 퍼스까지는 한국에서부터 함께 알고 지내던 형과 함께하고, 퍼스에서 멜번까지는 아마도 혼자가 아닐까 싶다. 물론 여행자를 구하면 구할 수 있겠지만 차가 작고 짐이 많아 힘이 든다.

첫날 목표는 노던 준주를 벗어나는 것. 첫날이 지나고 이틀이 지났지만 역시 재미없는 운전의 연속이었다. 첫날 다윈에서 출발해 거의 900㎞를 달려 Western Australia의 경계 도시인 Kununurra에 도착했다. 주가 바뀌니 검역소가 나왔고, 야채 등의 반입을 금지하는 검문 후 가뿐히 통과됐다.

이제부터 WA주다. 주가 바뀌자 NT주의 제한 속도인 130에서 110으로 바뀌고, 밤이다 보니 수없이 많은 야생 동물들과 마주했다. 도로 가장 자리에 사체로 누워 있는 소와 캥거루. 역시 WA주의 아웃백다웠다.

이튿날은 Punululu 국립공원의 투어가 예정되어 있다. Kununuraa 에서 남쪽으로 약 300㎞ 떨어진 지점에 위치한 이곳은 세계 자연 문화유산으로 등록되어 있는 곳인데 자세한 정보를 찾아보니 Only 4WD만 가능하다. 그것이 아니면 비행기를 타고 여행해야 하는데, 가난한 여행자인 내게는 너무 큰 비용이 들었다. 아쉽지만 이곳은 그냥 지나쳐 갈 수밖에 없었다.

다음날은 800km 이동. 그 전에 SA주에서 다윈까지 이동할 때에 비하면 일일 운행거리가 많은 편은 아니지만 30도가 넘는 더위 때문인지 운전을 하면서도 무척 지쳤다. 빨리 가려면 혼자 가고, 오래 할 여행이면 함께하라는 말 때문에 그랬을까. 함께하다 보니 그다지 많은 거리를 이동하진 못 했던 것 같다. 멜번까지 이동 후 차를 팔고 한국에 가급적이면 추석 전에 들어가기로 했으므로 그다지 여유가 있는 편은 아니었다.

여행 중 잠은 캠핑장을 이용했다. 보통 고속도로를 달리다 보면 대략 100km마다 캠핑장이 있는데, 내가 도착했을 때 항상 해가 진 이후였으므로 캠핑장은 이미 만원이었다. 여행을 목적으로 퍼스를 경유해 멜번까지 가는 것이었지만 아직까지 여행다운 여행은 하지 못하고 있는 것 같다. 재미없고 지루한 운전만 계속됐다.

퍼스까지 가면서 느낀 점은 다른 모든 주를 돌아봤지만 WA주만큼 재미없는 곳은 없는 것 같다. 이젠 뭘 봐도 모두 비슷하게만 보이고 슬럼프에 빠진 것만 같았다. 보통 국립공원은 입장료가 있는데 그 입장료에 해당할 만한 가치가 있나 하는 생각도 들었다.

343

다시 원점으로, 멜번을 향해!

호주 워킹홀리데이

다시 원점으로, 멜번을 향해!

호주 워킹홀리데이

# 로드 킬

8월 22일

도로를 달리다 보면 정말 수없이 많은 동물들과 마주친다. 대부분의 동물이 야행성이라 밤에 출현하는데, 그 종류만 해도 가장 많이 보이는 것이 소, 새, 캥거루, 딩고, 말, 칠면조, 코알라. 심지어 버팔로도 나타난다고 한다. 동물원을 따로 가지 않아도 야생 자체가 동물원이다.

그런데 살아 있는 동물보다 오히려 사체를 더 많이 보는 것 같다. 도로 가장자리에 누워 있는 소가 대표적이다. 고속으로 달리다 소와 충돌한다면 어떻게 될까. 생각할 필요도 없다. 바로 폐차다. 사람이 다치지 않으면 다행인데, 큰 동물과 충돌하면 보통 앞 유리창으로 넘어오기에 유리창이 깨져 사람이 크게 다치기도 한다.

다행히 나는 정신을 집중해 운전을 했기에 큰 동물들과 충돌한 일은 없었는데, 새가 날아와 유리창에 받은 적이 두 번 있다. 나름 속도를 줄였는데 사선으로 날다 앞 유리창에 부닥치는 것이 이런 경우다. 당연히 도로에 새가 있으면 속도를 줄이고 가는데, 새가 날아와 차에 부딪히는 경우는 답 안 나온다. 심지어 뒷문에 부딪치기도 하니 어쩔 수가 없나 보다. 이런 경우는 내가 새를 죽인 게 아니라 새가 내 차를 보고 자살한 게 아닌가 하는 생각도 들었다. 왜 높이 날 수 있는 새가 굳이 낮게 날아 차와 부닥치는지 이해할 수 없

다. 한국에서라면 불가능한 일이기에.

한번은 휴게소 즈음에 다 와서 도로 가장자리에 날지 못하는 흰 새가 있기에 보았더니 차와 살짝 부딪쳤는지 날개 부위에 혈흔 자국이 보였다. 한참을 그 자리에 서서 보고 있었는데 동료 새들이 날아와 다친 새를 끌어 도로 안쪽으로 밀어 놓는 게 아닌가! 실제로 그런 광경은 처음 봤다. 입으로 물어 동료를 안전한 곳으로 옮겨 놓다니…….

하지만 차가 계속 다녔고 더 이상은 위험해 보였기에 내가 다친 새를 잔디밭으로 옮겨 놨다. 새는 겁에 질렸는지 내가 자기를 드는 것에 대한 거부감이 상당했다. 하지만 막상 들어 잔디밭 가운데에 옮겼더니 정말 아기처럼 조용해졌다. 이런 동물들도 자신을 구해주려는 사람과 도로에 다니는 차의 무서움에 대해서 알고 있는 것 같았다. 더 이상 내가 해 줄 수 있는 것은 없었다. 그 새가 어떻게 됐는지는 알 수 없다. 하지만 야생에서 날지 못하는 새가 무엇을 할 수 있겠는가. 먹이를 찾아 다닐 수도 없고 아무것도 할 수 없는 그 새의 안부가 걱정됐다.

오랜 시간 머물 수 없어 자리를 떠났다. 내 차에 치인 새 두 마리에게 미안했지만, 정말 그 상황에서 로드 킬은 어쩔 수 없었다. 다시 한 번 내 차에 치인 새에게 미안하다는 말을 전하고 싶다.

# 과속으로 경찰에게 딱지 떼이다

WA주 진입 후 제한속도가 110으로 바뀌니 무척 답답했다. 직선 도로는 앞이 보이지 않을 만큼 뻥 뚫렸고 차는 가끔 보이는 차들이 전부다. WA주로 경계가 바뀌어 처음에는 속도를 110으로 줄였지만 다시 속도를 130으로 올려 달리기 시작했다. 그 후 얼마 지나지 않아 마주오던 경찰 단속에 걸렸다. 1년이 넘게 호주에서 운전하면서 과속 단속에 직접적으로 타겟이 된 적이 없으므로 긴장할 수밖에 없었다. 어쩔 수 없이 그 자리에서 벌금 티켓을 끊었다. 131㎞로 달리다 단속이 된 건데, 원래는 20㎞를 초과하면 벌금이 300$이란다. 하지만 맘씨 좋게도(?) 벌금을 깎아서 150$에 해줬다. 내게는 큰돈이지만 어쩔 도리가 없었다. 대략 우리나라보다 6배 정도 세금이 비싼 듯했다.

별 다른 문제없이 다시 달리기 시작했다. 얼마나 지났을까. 이번엔 타이어가 터졌다. 참 답 안 나오는 하루다. 가까운 도시까지는 약 200㎞. 터진 타이어로 이동하는 것은 절대 불가능한 거리다. 항시 가지고 다니는 비상 타이어로 교체하기를 시작했다. 공구는 가지고 있었지만, 타이어를 갈아본 경험이 없기에 한참을 걸렸던 것 같다. 1시간을 넘게 타이어와 씨름을 하고 정비를 모두 마쳤다. 보통 전문가들은 5분이 채 걸리지 않는다. 하지만 나 홀로 타이어를 갈았다는 게 어딘가!

　조금 불안하긴 했지만 퍼스까지 달리는 데는 아무런 문제가 없었다. 만일에 타이어가 없었더라면 히치하이킹을 해서 200㎞ 떨어진 타운으로 이동한 후 타이어를 사가지고 와서 갈아야 했을 것이다. 생각만 해도 끔찍한 일이다. 지난번 타이어를 교체할 때 눈여겨 본 것이 상당한 도움이 됐다.

　비포장도로를 달린 것도 아닌데 타이어가 펑크 난 게 조금은 의아했지만, 너무 오랜 시간을 고속으로 달리다 보니 타이어가 그 힘을 주체할 수 없었나 보다. 다음 도시까지는 무조건 조심히 달려야 한다. 만일 그 전에 또다시 펑크가 난다면 정말 큰일이다. 더 이상은 힘든 일이 없기를 바라며…….

## 퍼스 도착! 다시 멜번으로

8월 26일

일주일을 걸려 퍼스에 도착했다. 5,200㎞ 주행에 기름값이 다윈에서 한국으로 가는 비행기값보다 더 나왔다. 사실 만족스러운 여행은 아니었지만 동행자가 있었으므로 비용은 반으로 줄었다.

도착한 퍼스는 생각보다 크지 않았다. 서부에 있는 유일한 대도시여서 조금 기대했었는데, 애들레이드보다 조금 더 큰 수준으로밖에 보이지 않았다. 타 도시들과의 특색은 찾을 수 없고, 그저 한인이 많은 호주의 한 도시라고밖에 생각되지 않았다.

특별히 할 일은 없었지만 우선 이틀간 묵을 숙소를 예약했다. 주차장이 딸린 South Perth 지역이었는데, 전혀 모르고 간 곳이었지만 이곳이 한인 타운이 아닌가 싶을 정도로 한인 상가들이 모여 있었다. 한인뿐만 아니라 일본 대만 태국 등 아시아 상점들도 많았는데, 아마도 퍼스 남쪽에는 아시아인들이 많이 거주하는 지역인가 보다. 저녁에 도착했는데 피곤했는지 바로 잠을 청했다.

다음날 퍼스에서 무언가를 해볼까 생각했지만 비가 많이 왔다. 동네 한 바퀴를 돌아보고 별로 특별한 일이 없기에 다시 백팩커로 돌아왔다. 일주일간의 짐과 차를 정비하고 내일 떠날 준비를 해야 했다. 오자마자 떠나는 것이기에 조금 아쉬움이 남았지만 내게 남은 시간이 여유롭지는 않았다.

8월 28일

멜번으로 향하는 길까지 여행 정보를 수집해야 했고, 어디서 뭘 할지 또 계획을 세워야 했다.

하지만 비가 많이 왔다. 출발하는 당일까지 폭우가 쏟아졌고 계획했던 목적지에 도착했지만 번개까지 치고 있었기에 실상 아무것도 할 수가 없었다. 차도 사람도 아무것도 없었다. 도착하니 그저 입장료를 받는 곳만 나왔을 뿐, 흥이 나지 않았다. 폭우를 맞으면서까지 차 밖으로 나가 아무것도 하고 싶지 않았다.

모든 것을 포기한 채 다시 멜번을 향해 달렸다. 그렇게 첫날 900㎞를 달려 Esperance에 도착했다. Esperance는 pink lake로 유명한 곳

이다. 일전에 국내의 N포털 사이트에 실시간 검색 순위 1위를 했을 정도로 유명한 곳이다. 그곳에 현재 내가 있다. 뉴스 기사 사진으로 본 호수는 마치 진한 분홍색 물감을 풀어 놓은 듯한 딸기우유색이었다.

하지만 직접 가보니 일반 호수와 다를 바 없었다. 아무런 매력을 풍기지 못했고 물의 색은 보통 물의 색이었다. 분명 표기판에도 'Pink lake'라고 적혀 있었지만 아무리 눈을 비비고 다시 보아도 평범한 색이었다. 어떤 것이 진실일까. 실망만 남긴 채 Esperance를 떠났다. 부근에 Stone henge라는 거대한 돌이 있지만 오늘은 문을 열지 않는단다.

역시 둘째 날도 비가 계속됐다. 이제 이 도시를 벗어나면 SA주까지 1675㎞에 달하는 Eyre Highway가 나오는데 마냥 달리기만 할뿐이다. 이제 여기를 떠나면 Western Australia를 떠나게 된다. 특별히 기억나는 것도 없고, 볼거리도 없었다. 대부분 관광지역은 4WD가 아니면 접근하기 힘들고, 여태까지 호주에서 보아 왔던 것과 크게 다른 게 없다. 대부분이 자연을 훼손치 않고 여행자들에게 개방하는 것이라곤 하지만, 비슷비슷한 국립공원이었다.

너무나 긴 이동거리에 지쳐갔다. 차라리 WA주를 가지 말고 Queensland주를 거쳐 가거나 바로 다윈에서 한국으로 갈 것을 잘못 생각한 것 같기도 했다. 실망만 안겨준 Western Australia 여행이었다.

다시 원점으로, 멜번을 향해!

호주 워킹홀리데이

## 멜번 도착 13일간 9,400㎞

13일간 9,400㎞를 달려 멜번에 도착했다. 우선 큰 사고 없이 멜번까지 도착한 것에 대해 무척 만족한다. 내 생에 짧은 시간에 이렇게 또 달릴 일은 결코 없을 것. 정말 누구 말대로 미치지 않고서 이렇게 짧은 이렇게 많이 달리기 힘들다. 참고로 다윈에서 서울까지는 5,530㎞이다. 아마 육지로 이어져 있으면 차로 이동해도 가능한 거리다. 기름값도 생각보다 많이 나왔고, 이동 경비만 해도 내가 차를 샀었던 것보다 더 큰 비용이 나왔다. 이렇게 고생할 줄 알았으면 다윈에서 헐값에라도 차를 팔아야 했었는데 멜번까지 와서 조금 후회가 된다. 하지만 이제 와서 후회하면 무엇하리.

이제 남은 숙제는 단 한 가지. 차를 팔고 빠른 시일 안에 호주를 떠나는 것이다. 그 외에 나에게 남은 것 아무것도 없다. 이제 모든 떠날 준비가 된 것 같다. 곧 이곳을 떠나 한국에서 추석을 맞을 생각을 하니 가슴이 벅차오기 시작했다. 미운 정 고운 정 많이 든 호주지만, 이제 끝이다.

내가 15개월 전 한국을 떠날 때와는 기분이 많이 다르다. 내가 생각했었던 것과도 많이 다르고, 내가 이곳에서 할 수 있는 일이 농사와 같은 1차 산업밖에 없다는 것이 나를 절망하게 만든 것 같다. 외로운 타향살이도 점점 끝이 보이고 밤이 깊어가는 멜번의 하늘이다.

# 야생동물 보호

## 9월 4일

호주에서는 시티에서 조금만 벗어나면, 어김없이 사람이 살지 않는 아웃백이 나온다. 그만큼 야생동물도 많은데 캥거루만 해도 호주 인구보다 2배는 더 많을 것이라는 통계가 있다. 비단 캥거루뿐인가. 버팔로까지 나온다니 할 말 다했다.

이렇게 많은 야생동물이 있는 호주에서 동물을 보호하는 마음도 특별하다. 사실 호주의 상징이라고 할 수 있는 캥거루는 보호종은 아니다. 워낙 캥거루가 많다 보니 주기적으로 도살도 한다. 로드 킬 당한 캥거루를 한 번도 보지 못한 호주인은 없을 것. 하지만 교외지역으로 나가면 'INJURED WILDLIFE'라는 표지판은 어렵지 않게 찾을 수 있다. 워낙 많은 동물들이 매일 밤 죽어나가다 보니 이런 문구가 잦은데, 약간은 이중성을 띤 듯하다. 신고를 했다는 사람은 들어본 적도 없고, 실제로 동물이 다쳤을 때 구출하는 것도 본 적은 없다. 하지만 꼭 캥거루가 아니더라도 호주의 동물을 보호하는 마음은 배울 만하다. 우리나라의 경우는 야생 동물이 도로 밖으로 나오는 경우가 많지는 않아서 그럴 수도 있겠지만 호주는 다르기 때문일 것이다. 이런 작은 사인 하나가 마음을 따스하게 만든다. 야생동물 보호지역이 도시마다 마련돼 있고, 동물뿐만 아니라 식물을 보호하기 위해 만든 공원도 상당수다. 이런 점은 우리도 배워야 한다고 생각한다.

다시 원점으로, 멜번을 향해!

# 호주에서 차 팔기

9월 8일

한국으로 가기에 모든 준비는 끝이 났다. 이제 차만 팔고 비행기 표만 예약하면 끝!

다윈에서부터 차를 팔기 위해 노력했고, 이곳 멜번까지 왔지만 쉽지만은 않았다. 내차의 라이센스가 Victoria로 되어 있다고 꼭 그곳에서만 차를 팔아야 된다는 이유도 없었거니와, 실상 이곳에 오니 오히려 차 팔기가 더 힘들었다.

다윈에서는 2,200$에도 차를 구입한다는 전화가 매일 왔었지만

| | |
|---|---|
| Vehicle | 2000 Hyundai Lantra J2 SE |
| Price | $1,500*  Excluding on-road costs |
| Kilometres | 250,000 |
| Colour | Yellow |
| Interior Colour | grey |
| Transmission | 5 speed Manual |
| Body | 4 doors 5 seat Sedan |
| Drive Type | Front Wheel Drive |
| Engine | 4 cylinder Petrol Aspirated 1.8 L (1795 cc) |
| Reg Plate | QJZ210 |
| Reg Expiry | November 2013 |
| VIN | KMHKF21MPXU866658 |
| Towing Braked | 850 |
| Towing Not Braked | 453 |
| Road Worthy Certificate | No |
| Carsales Network ID | 2281675 |

CarFacts
Get the Facts on
this Hyundai

Buy Now ▶

멜번에 오니 1,000$에 매물을 올려놔도 차를 보러 오는 사람이 없었다. 다윈에서 차를 팔고 비행기를 탔으면 더 많은 돈을 절약할 수 있었을 것이다. 어떻게 보면 내 욕심이 화를 부른 것 같다. 대략 계산을 해보니 차량 가격, 다윈에서 퍼스를 거쳐 멜번까지의 기름값, 백팩커, 비행기 비용을 계산해 보니 3,000$의 손해가 발생했다. 결국엔 차를 1,000$에 팔긴 했지만 손해가 이만저만이 아니었다. 물론 내가 작년 8월에 차를 1,000$에 사긴 했지만 그래도 정이 들었는지 아쉬움이 많이 남았다.

개인적인 생각으로는 인구 대비 수요와 공급의 균형이 안 맞아 중고차의 가격이 대폭 할인된 것 같았다. 이럴 줄 알았으면 다윈에서 차를 파는 거였는데……. 하지만 이제 와서 후회하면 무엇하겠는가. 그래도 속은 시원했다. 혹시나 정말 차가 안 팔려 폐차까지도 가면 어쩌나 고민도 했을 정도니까 말이다.

차를 팔고 나서 들었던 생각은 역시나 16개월을 돌아보면 가장 잘한 일은 차를 구입한 일이다. 아마 차로 인해 차량 가격의 최소 3배 정도는 벌지 않았을까 생각되니 말이다. 이제 차도 팔았고! 세금 환급 신청까지 마쳤다. 막상 간다니 시원섭섭한 감정이 교차했지만 이제 정말 떠날 때가 된 것이다.

epilogue

·

집으로


차를 팔고 우선적으로 비행기를 알아봤다. 일찍 예약하면 비행기 표값이 싸진다지만 꼭 그렇지만도 않은 것 같다. 차를 팔고 2일 후 바로 출국을 했는데, 2달 후 출국 티켓을 알아봐도 사실상 별 차이가 없다.

여러 가격 비교 사이트를 확인한 결과, 역시 저비용 항공사가 가장 저렴했다. 하지만 일반 항공사와 크게 차이가 나진 않았다. 세금을 포함해 말레이시아를 경유한 후 인천 공항까지. Air AsiaX를 이용했는데 577$이 나왔다. 하지만 이게 끝이 아니었다. 짐과 식사와 보험비용을 넣으니 100$이 추가돼서 계산됐다. 그나마 저렴하게 생각했었는데 완전 뒤통수 맞은 격이다.

결국 AU677$을 계산하고 말았다. 물론 저가 항공이 아니더라도 이와 비슷한 가격의 중국을 경유해 가는 비행사가 있었는데, 공항에서 대기 시간이 너무 길었다. 에어 아시아도 공항에서 9시간이나 경유를 하는 긴 여정이었는데, 20시간을 대기하는 항공편도 보였다. 중국은 이미 가봤고 말레이시아를 경유해 스톱오버를 신청한 후 한국으로 가고자 했다. 어쩌면 내가 에어 아시아를 선택한 가장 큰 이유이기도 하다.

하지만 홈페이지 예약 화면에 스톱오버를 신청할 수 있는 문구는 어디에도 없었고, 예약을 모두 완료하고 결국은 항공사로 전화를 할 수밖에 없었다. 하지만 말레이시아를 경유하려면 추가비용으로 200$이 더 들어갔다. 그럴 만한 가치가 없어 보였다. 차라리 한국으로 입국해 재출국을 한다 해도 프로모션 기간이면 200$이 들지 않는데, 이 가격이면 좋은 것은 아니라는 생각이 들었다. 저비용 항공사는 비행기 표는 저렴한데 부가 비용이 만만치 않다. 저가 항공을 이용해 본 적이 아직 한 번도 없었는데 조금 실망감을 안겨 주었다. '이럴 거면 차라리 비용을 조금 더 지불하더라도 필리핀 항공을 이용하는 건데……' 하는 아쉬움이 들었다. 꼭 한국에 입국 전 다른 나라도 여행해 보고 싶었지만 접는 수밖에 없었다.

이제 정말 끝이라고 생각하니 만감이 교차했다. 즐거웠던 기억, 농사일을 하면서 고생했던 기억, 처음과 비교한 내 영어실력. 모든 것이 만족스러운 호주 워킹홀리데이는 아니었지만 그래도 좋은 기억만 가져가고 싶다. 태즈매니아에서 다윈까지, 시드니에서 퍼스까지. 호주라는 거대한 나라를 오직 내 차량만으로 종횡여행을 한 생각을 하면 아찔하다. 다시는 이럴 일은 없을 것 같다.

20대의 끝자락에서 내 청춘을 불사르고 한국으로 돌아가는 길. 후회는 없다. 현지에서 정말 고생했지만 여행은 뒤돌아 봤을 때만 매력적이라는 말처럼……

이것도 추억으로 남겠지.